2版

Carnegie

EQ Skills

庄云鹏◎著

卡耐基情商课

让你收获成功的高情商技巧大全集

世界超高影响力的情商导师 亿万成功者广泛运用的高情商技巧

中国法制出版社
CHINA LEGAL PUBLISHING HOUSE

图书在版编目 (CIP) 数据

卡耐基情商课 / 庄云鹏著 . —2 版 . —北京：中国法制出版社，2021.5
ISBN 978-7-5216-1797-9

Ⅰ . ①卡…　Ⅱ . ①庄…　Ⅲ . ①情商 – 通俗读物　Ⅳ . ① B842.6–49

中国版本图书馆 CIP 数据核字（2021）第 061639 号

策划编辑：陈晓冉（chenxiaoran 2003@126.com）

责任编辑：陈晓冉　冯　运（654093944@qq.com）　　封面设计：周黎明

卡耐基情商课

KANAIJI QINGSHANGKE

著者 / 庄云鹏

经销 / 新华书店

印刷 / 三河市国英印务有限公司

开本 / 710 毫米 ×1000 毫米　16 开　　印张 / 12　字数 / 180 千

版次 / 2021 年 5 月第 2 版　　2021 年 5 月第 1 次印刷

中国法制出版社出版

书号 ISBN 978-7-5216-1797-9　　定价：39.80 元

北京西单横二条 2 号　邮政编码 100031　　传真：010-66031119

网址：http://www.zgfzs.com　　**编辑部电话：010-66034985**

市场营销部电话：010-66033393　　**邮购部电话：010-66033288**

（如有印装质量问题，请与本社印务部联系调换。电话：010-66032926）

前言

PREFACE

情商，对一个人的人生起着至关重要的作用，是对人类智慧的重要评价标准，能在很大程度上影响一个人的爱情、婚姻、学习、工作、人际关系……

情商，即情绪商数（EQ），指的是人们在情绪、意志、承受挫折等方面的品质，是心理学家提出的和智商相对应的概念。

人和人之间的情商在先天上并没有比较明显的区别，每个人的情商高低不同，和后天的培养是息息相关的，因此提高情商就变得尤为重要。

提高情商，就是将不可控制的情绪变成可以控制的情绪，让自己的同理心、交际能力以及应对困难挫折的能力不断提高。

如今的人们生活节奏很快，承受着高负荷的工作以及复杂的人际关系，没有一个很高的情商，是很难取得成功的。

高情商的人总是能够得到众人的拥护和支持，拥有良好的人际关系，为自己的人生发展储存重要的资源，从而让自己获得更多成功的机会，情商对一个人事业的成功起着决定性的作用。

古今中外的很多名人并没有很高的学历，但是他们凭借自己的情商、毅力和能力，开创了一番事业。但在现代社会，有很多还未“断奶”的高智商大学生，他们是天之骄子，是人群中的佼佼者，拥有过人的智商，却连生活都不能自理。有些人已经上大学了，仍然需要父母陪读，衣食住行仍然需要父母打理，遇到一点困难就受不了，总是会情绪失控，做出让自己后悔、让家长伤心的事情。这样的人，怎么能放眼大局，做出一番伟大的事业呢？当今社会，情商比智商更重要。

人生在世，总是会遇到各种各样的不如意。在面对这些不如意的事情时，有的人会出现意志消沉、愤怒、恐惧、悲伤等负面情绪，严重影响学习和工作，甚至会损害身心健康，产生扭曲的心理。

而有的人在面对困难的时候，能够积极主动地采取行动，将不利的条件变成有利的条件，摆脱困难，最终走向成功的巅峰。

卡耐基作为美国著名的心理学家和人际关系学大师，一生致力于对人性和人生问题的探索。他创造性地运用心理学、社会学等专业知识，针对不同人的心理特点和生活模式，在心理健康和发展、追求事业成功、完善人际关系、改善口才等方面都提出了独到的见解，指导了千千万万的普通人。很多人从卡耐基的思想中受益。

本书引用了很多卡耐基的思想，在人际关系、处事态度、工作态度等方面详细阐述了如何才能具备高情商，让你的人生更加辉煌。

目录

CONTENTS

第一章　如何调控自己的情绪，做情绪的主人

第一节　卡耐基告诉你如何调控自己的情绪

第二节　调控情绪的案例

第二章 如何提高情商，为成功助力

第一节 卡耐基告诉你如何提高并发挥自己的情商

第二节 拥有高情商的案例

第三章 如何运用情绪的力量，走向人生巅峰

第一节 卡耐基告诉你如何运用情绪的力量

第二节 成功运用情绪的案例

第四章　如何体察他人情绪，不做交际小白

第一节　卡耐基告诉你如何体察他人情绪

第二节　成功体察他人情绪的案例

第五章　如何说话才能体现高情商

第一节　卡耐基告诉你说话的方法

第二节　说话体现高情商的案例

第六章　如何训练自己成为社交达人

第一节　卡耐基告诉你如何成为社交达人

第二节　社交达人的成功案例

第七章　如何巧用情商轻松办事

第一节　卡耐基告诉你如何轻松办事

第二节　轻松办成事的案例

第八章　如何运用高情商打造高效领导力

第一节　卡耐基告诉你如何打造高效领导力

第二节 高效领导力的案例

第九章 如何利用高情商实现双赢

第一节 卡耐基告诉你如何实现生意场上的双赢

第二节 实现双赢谈判的成功与失败案例

第一章 01

如何调控自己的情绪，做情绪的主人

第一节　卡耐基告诉你如何调控自己的情绪

1. 情绪与情商，不可分割的两位一体

小敏被学校记过了，原因让很多人出乎意料。

小敏交往了一个男朋友，开始的时候两个人相处得特别甜蜜。小敏的脾气很大，还很任性，但男朋友对她给予了无限的包容，把她宠得像个公主。

这一天，男孩带着小敏回家见自己的父母，男孩的父母见到小敏非常开心，一家人其乐融融。就在这时，男孩的小姨来了，想看看自己优秀的外甥究竟被哪个女孩“降服”了。

小敏各方面都很优秀，就是个子有点矮，而她的男朋友很高，两个人站在一起有着很大的身高差。

小姨看到之后，和自己的姐姐小声议论了起来。小敏本来就对自己的这个缺点很敏感，听到男孩的小姨议论自己的身高，非常生气，和男孩的小姨吵了起来，这让男孩的家人非常尴尬。

在这之后，小敏和男朋友之间产生了隔阂，敏感的小敏觉得男朋友在故意疏远自己，就经常不分场合地和男朋友大吵，这让男朋友觉得很没面子，便和小敏提出了分手。

小敏仍然不罢休，甚至在男孩上课的时候，跑到教室中和他吵闹，男孩实在忍受不了，就请了几天假躲了起来，小敏竟然在学校贴了很多张“寻人启事”……

故事中小敏的行为说明了一个道理，即一个人在愤怒的时候非常容易冲动，很难控制好自己的情绪，可能会做出失去理智的事情。所以，在愤怒的时候，一定要运用各种方法控制住情绪的火山。

在日常生活中，我们常会有这样的体验：当我们处在焦虑、愤怒、沮丧、

悲伤、恐惧的情绪之中时，是不能有效地从事正常的工作和学习的；而当我们感到自信、乐观、兴奋、快乐时，我们的能力就源源不断地发挥出来。

从上面的例子，我们可以看出控制情绪的重要性。于是我们不禁要问，情绪是什么？情绪是指一个人受到某种刺激之后所产生的一种身心状态。在日常生活中，我们每个人都体验过各种各样的情绪状态，而且当我们处于某一情绪状态时，我们是会感觉到的。最常见的情绪体验包括喜、怒、哀、乐。情绪状态是非常主观性的体验，也就是说，只有当事人可以体会得到。当然，他人也可以从一个人的脸色与行为去揣测当事人的情绪，但是不能直接了解和感受到。

情绪常常与“情感”一词混用，但两者是有一定区别的。情绪具有情景性、暂时性和明显的外部表现；而情感一般是稳定的、持久的，不一定有明显的外部表现。情感的产生会伴随着情绪反应，情绪的变化也受情感的控制。

那什么是情商呢？它是“情绪商数”的简称，是从英文“Emotional Intelligence Quotient”翻译过来的，简称EQ。

想要拥有高情商，就需要我们做到以下几点：

一、自我了解，时时刻刻监视情绪的变化，能够观察和审视自己的内心体验，感受到情绪的出现，这是情商的核心。只有认识自己，才能成为生活的主宰。

二、自我管理，调控自己的情绪，使之适时适度地表现出来，即能调控自己。

三、自我激励，能够依据所从事活动的某种目标，调动、指挥情绪，走出生命中的低潮，重新出发。

四、识别他人的情绪，通过细微的社会信号，敏感地感受到他人的需求与欲望，从而认知他人的情绪。这是与他人正常交往，实现顺利沟通的基础；也是处理人际关系，调控自己与他人情绪反应的前提。

所以情绪与情商本就是两位一体的，我们想要成为一个高情商的人，就要去做一个能够控制自身情绪的人。在生活中，我们常常可以遇到这样一种人，他们的情绪像天气一样变化无常，一会儿沮丧，一会儿兴奋；运气好时，如登山顶；运气差时，如坠深谷。他们让外界的情况控制了情绪，而不是让情绪控制外界的情况。情况好，他们的情绪也好；情况不利，他们的情绪也随之变坏。其实，情绪的问题就是情商的问题。

2. 了解人的基本情绪，体察并接受它

谷歌曾研制过一款人工智能程序叫作“AlphaGo”，在令全球瞩目的围棋人机大战中，它凭借着精妙的算法设定，接连战胜人类高手李世石和柯洁，令人们惊叹不已。

“AlphaGo”的出现，让我们开始感到担忧，在科技高度发展的未来，人工智能是否会对人类的生存造成威胁。这种对技术反噬社会的担忧是可以理解的。但是人类和机器是有着本质上的区别的，人是有意识的动物，这种意识是复杂的、无影无踪的、千变万化的，且会随着你的见闻与思考结合周围的环境而不断发生改变，进而产生丰富的情感。

丰富的情感是人类独有的，人类能够理解和掌控这些情绪，且能够向外界表达出这些情绪，所以人类成了万物之灵。人类有多种类型的情绪，包括喜、怒、忧、悲、惊等。生活中，用来形容情绪的词语也有很多，如快乐、惊奇、悲伤、厌恶、愤怒、恐惧、轻蔑、羞愧等。

我们可以很清楚地判断出快乐属于积极的情绪，而悲伤、厌恶、愤怒、恐惧等都是具有负面影响的消极情绪。带有正面意义的积极情绪可以使人拥有力量，让人们在看待事物和面对生活时保持积极的心态。而如果任由消极情绪滋长，会威胁到人的身心健康，引发抑郁症、恐惧症等病症，对人造成巨大的负面影响。但人的情绪是动态的，消极的情绪不可能被完全抑制，我们只能对其进行有效的疏导和控制。

现代人的生活节奏快，很容易迷失自我，陷入情绪的泥淖中。戴尔·卡耐基曾说过：“如果你想采蜂蜜，别踢翻了蜂巢。我们一定要记得我们的相处对象并不是绝对理性的动物，而是充满了情绪变化，可能是有成见、自负以及虚荣的人。”所以我们一定要准确了解情绪的各种表现，充分地体察它，并逐渐地接受它，这样我们才能拥有健康的心态，在处理人际关系的时候得心应手。

最近，乔治陷入了人生的低谷，失去了自己从事十年的工作，与他相恋五年的女友也提出了分手。沉重的打击接踵而来，让乔治变得心灰意懒，陷入深深的绝望中。

乔治认为自己是世界上最不幸的人，所以产生了很多消极的情绪，消极情绪的堆积让他失去了理智，他想用自杀的方式来结束痛苦。

有一天，他和好朋友约翰倾诉："约翰，我现在已经感受不到任何的人生乐趣了，生活对我来说就像一片荒凉的滩涂，死水都难以在此之上泛起波澜。生活中的一切对我而言都毫无意义，我已经没有任何动力再活下去了。上帝拿走了我的幸福，只留下痛苦和折磨，太不公平了。"

生活中，很多人在朋友遇到这种情况的时候，都会直接对其进行安慰，让处于旋涡中的人赶紧放弃这个愚蠢的念头，重新回归到正常的轨道中来。这样的做法并不能很好地解决问题，反而会加剧对方的心理负担，让对方陷入更深的旋涡中。

约翰没有直接安慰乔治，而是非常平静地说："我有一段时间和你一样，处于非常消极的情绪中，也有过自杀的想法，我那个时候同样觉得活着已经没有任何意义了，觉得生活中充满了无尽的黑暗。当我熬过了那段痛苦的岁月之后，突然意识到，我的生活本身并不是黑色的，是情绪蒙蔽了我的双眼，让我看不到那些美好的事物。所以，我们要能很好地认识情绪，理解情绪，这样我们才能更好地控制情绪，而不是让情绪夺走我们的理智和思考，进而控制我们的思想。"

乔治非常认真地听着，眼中透出了一丝希望。

约翰继续温和地说道："其实生命里还是充满希望的，只是那些消极情绪奴役着我们，不让我们看到希望。我相信，只要你以一个良好的心态接受和处理那些消极的情绪，很快就会重新找到生命中的阳光。"

乔治听完约翰的话后，若有所思，后来打消了自杀的念头。

卡耐基先生认为，约翰是一个能够用正确的情绪来完善自己的人。他认识到了自己是有情绪的生物，如果不能自制，就很有可能会被情绪所驱使，陷入更深的绝望当中。但是他很好地认识了那些情绪，很好地体察和接受它们对自己生活所带来的影响，因而他也能快速地洞察乔治的问题，从而有效地引导他走出心理困境，看见希望。

如果我们在生活中过于情绪用事，会在很大程度上使自己的人生难以建立起平和的秩序，稍有不慎，就会陷入巨大的混乱和痛苦中。

所以，我们要充分了解多样化的情绪，体察到它们的变化，并用适当的方式接受这些情绪。这样我们才能成为一个优秀的情绪控制者，从而使我们的生活和工作更加愉悦美满。

情绪是我们人类区别于其他生物体的标志之一，而好的情绪控制能力更是我们人类独有的伟大智慧。当你成为情绪的主人时，你就已成为更好的自己。

3. 认识常见的负面情绪

现代社会，社会分工逐渐细化，很多人感觉到自己只是生产流水线上的一颗螺丝钉，很难在工作中找到强烈的存在感。而人类是有意识、有情感的生物，并不是模式化的机器，所以当人类处在这样的状态之下，难免会产生各种各样的情绪，而且大多数是负面情绪。如果一个人长时间处于负面情绪的阴影之中，会严重影响到生活和工作状态，甚至可能威胁到生命健康。所以，我们一定要对自己的情绪有所认识。

认识自己的情绪，就是认识自己的情感、动机、性格、感觉、欲望和基本的价值取向等，并以此作为自我行动的依据。常见的负面情绪有愤怒、厌恶、恐惧、悲伤、羞愧、轻蔑等。在日常生活和工作中，我们应该尽量让自己保持阳光健康的心理状态，享受积极情绪的陪伴。

但我们并不是超人，并不能让自己的情绪完全自如，因为情绪会受到你所遭遇的事件和所处环境的共同影响。当人们面对那些负面情绪时，如果不能及时摆脱，就可能会变成痛苦的绝望。试想一下，如果一个人很难再感受到快乐和温情等积极能量，身心肯定是会受到伤害的。

认识常见的负面情绪，并意识到它们可能产生的危害，才能让自己免予沦陷。卡耐基先生认为，陷入负面情绪中的人是很浮躁、脆弱的，当一个人拥有不好的心理状态，并深受负面情绪的折磨时，往往会胡思乱想，感到孤独和愁闷，进而有可能做出常人意想不到的举动。

所以充分认识和理解在我们身上出现的负面情绪，并有效地对其加以控制，尽量看到事物积极的一面，才能掌握自己的人生，拥有美好的生活。

辛尔德太太生活在密歇根州，她有过一段情绪极度低落的时期。

1937 年，她的丈夫去世了，她感到极度悲伤，还没来得及从痛苦的情绪中走出来，独自生活的压力又向她袭来。因为她没有工作，只能依靠丈夫留下的积蓄生活，没过多久，就变得一贫如洗了，这让她十分痛苦。

无奈之下，辛尔德太太只好给以前的老板里奥罗先生写信，请求他让自己回去继续做以前的工作——去学校推销世界百科全书。里奥罗答应了她的请求。

辛尔德太太以为重新工作可以使自己摆脱消极的情绪，但独自一人去各地卖书又让她陷入了深深的孤独当中，而有时候推销上的失败，会让她难以负担生活中的各种开销，又使她更加痛苦。

1938 年的春天，辛尔德太太出门推销书籍，这次的目的地是密苏里州的一所学校。

这所学校在一个比较贫穷的地方，当辛尔德太太走在崎岖的山路上的时候，心情突然变得很沮丧，她看到处于贫困中的校园，觉得这又会是一次失败的推销。一股强烈的失败感油然而生，她感到生活没有任何希望，想要成功真是太难了，她的泪水忍不住流了下来，突然有了自杀的念头。

就在这时，她突然想到了自己的姐姐，如果自己离开了，会让自己的姐姐陷入无尽的悲伤中，她并不想造成这样的局面，就打消了这个念头，咬着牙生活下去。

随着时间的推移，辛尔德太太渐渐振作了起来，重新获得了继续追求美好生活的动力。而这一切则源于她重新调整了情绪，正确地认识了情绪。

一个偶然的机会，辛尔德太太在一本杂志上看到了一篇文章，题目是《对聪明人来说，每天都是一个新的生命》，当她看完这篇文章后，突然意识到生活并没有自己想象的艰难，所谓的艰难不过是自己的情绪在“作怪”

而已。

为了更好地鼓励自己，她把这句话打印下来，贴在自己的车窗上，当自己感到沮丧的时候，看看这句话，便会精神百倍，继续努力生活下去。

辛尔德太太的人生虽然看似很漫长，看似很不容易，但是将其拆分成具体的每一天，就会发现并没有想象中的那样不容易，人不应该总是纠结于过去，也不要总是忧患未来，这样会让自己拥有无穷无尽的烦恼。每天早上醒来，辛尔德太太都会对自己说："今天是我的新生。"

辛尔德太太不再沉溺于消极的情绪当中，成功消除了颓废孤寂的情绪，她的生活里迎来了更多的快乐，事业变得欣欣向荣，生活变得越来越好，无论遇到什么样的困难，她都会以一种积极热情的心态去面对。

积极地看待每一天，不要沉浸在无尽的痛苦当中，也不要总是为长远的事情担忧，就能够在准确认识自己的负面情绪后，用有效的方式去应对它，不让"负面情绪"这个恶魔有可乘之机，吞噬你的希望和快乐。只有这样，我们才能更加从容愉悦地面对工作与生活，才能在不断完善自己的同时，一步步走向自己想要的未来。

4. 增强自我意识，冷静处理情感

情绪是人类日常生活中对客观事物的主观体验。因此，对自身心理情绪的变化有准确的自我意识是相当重要的。

我们的情绪体验并不是风平浪静的，而是波澜壮阔的，有时候我们甚至会在一瞬间感受到两种极端的情绪在相互撕扯。在情绪的变换中，清晰的自我意识就犹如一个人在颤颤巍巍的晃动中所握到的一根坚实的拐杖，能够给予他宁静和安定。

但这种自我意识必须是强烈的，若过于薄弱，就无法与不稳定的情绪进行正面的对抗，很有可能会被不良情绪驱使，从而陷入心理混乱，无法理智地看待问题，这样情绪的魔鬼就会慢慢地侵蚀你。

情商较低的人，在遇到一些紧急情况时，往往不能让自己保持独立思考，而是会随波逐流，被外部环境裹挟。这种盲目的行为所带来的后果是非常严重的，它会让人冲动行事，酿成苦果。

卡耐基认为，拥有独立的自我意识是很重要的，不能意气用事，要对自己所处的状态有一个清晰的认识，不要过分沉溺于某种情绪当中。因此，遇事首先要做的是进行冷静的思考和分析，而不是坠入“情绪化”的深渊，不断地在情感上游移，从而失去对情形准确的判断。这对我们而言是百害而无一利的。

沙林吉太太过着简单平实的生活，她似乎从来没有为什么事情担心过。

有一年夏天，卡耐基和沙林吉太太在某地偶遇，便和她讨论起关于忧虑的问题。沙林吉太太若有所思地说：“忧虑，我的生活曾经因为它变得一塌糊涂，它毁掉了我所有的幸福。”

沙林吉太太曾经被忧虑困扰过很多年，在那段时间里，她总是会莫名紧张，进而无缘无故地发脾气。比如，在上班的时候总是担心自己的孩子会发生意外，经常在工作中走神，严重影响到了工作效率，下班回到家也总是愁眉苦脸的，动不动就对孩子和丈夫发脾气。这样的状态严重影响了她的工作和生活，她丢掉了工作，婚姻也随之结束。从此，沙林吉太太一蹶不振，每天都生活在极度的痛苦当中，直到认识了现任丈夫沙林吉先生。

沙林吉先生是一位出色的律师，对人非常体贴且具有很强的分析能力，最重要的是他从不为任何事忧愁。每当沙林吉太太因为堆积在心里的忧愁而陷入焦虑不安的状态时，沙林吉先生都会握着她的手，温柔地鼓励她说：“不要总是愁容满面的，有什么担心的事情就说出来，我们一起来讨论它们发生的概率有多大，如果它们真的发生了，我也会和你一起面对的。”

有一年，沙林吉太太和丈夫出去爬山，经过长途跋涉，他们来到了一座海拔 7000 英尺的山上。他们被山上优美的风景吸引，决定当晚在此处扎营。

令人意想不到的是，夜里突然刮起了狂风，凛冽的寒风将帐篷外的东西吹得簌簌作响，仿佛是黑暗中的怪物在嘶吼。狂风猛烈地撕扯着他们的帐篷，将他们的帐篷吹得东倒西歪。

沙林吉太太感到非常恐惧，身体也随之颤抖起来，而沙林吉先生则非常镇定，他语气柔和地对沙林吉太太说："亲爱的，我在来之前已经对这里做了充分的了解，这里从来没有发生过帐篷被吹走的事情，我们的帐篷肯定也不会被吹走的。即便我们的帐篷真的被吹走了，我们也会找到解决的办法的，我们可以去别人的帐篷借宿一宿，所以你就别担心了。"

在丈夫的安慰下，沙林吉太太放心了，安稳地睡着了。

如果一个人不想过分杞人忧天，就要充分认识到所处的环境和现实。就像沙林吉先生所做的那样，遇到困难之时，先认清事实的本质，就能让自己从情感的迷雾中脱离，还能帮助他人走出困局。

自我意识能够让我们看清那些让我们焦虑不已的事情，并冷静地分析它们将会发生的概率。通常情况下，我们会发现，其实很多时候事情并不会发生。而在这种清醒理智的思考下，多余的忧愁就会烟消云散。我们的那些担忧，并不会像我们想象的那样随时随地发生。

我们应该对自己在什么样的情形下拥有什么样的情感状态有一个充分的了解，不要刻意压抑情绪，但也不要被它驱使。我们能够做的是不断去增强自我意识，让自己冷静地处理那些激烈的情绪。

5. 做情绪的调节师，拒做情绪的奴隶

史密斯是美国得克萨斯州立大学的教授，他曾经做过一个关于情绪的变化及个人生理心理状态的实验。他在实验报告中得出这样的结论：一般人在处于焦虑、愤怒、恐惧等情绪状态时，极易出现胃部胀痛、口干、心跳加速等生理现象。而如果让这种情形持续下去的话，就容易引起胃溃疡、高血压、心脏病等后遗症。

我们生活在一个庞大复杂的社会系统里面，这个系统里蕴含着各种各样的人和事，我们每天都会和周围的人及环境发生关系，这种关系的交融会让我们产生多样化的情绪。

有句俗语叫作"天有不测风云，人有旦夕祸福"，表明一个人的生活不可能永远是一帆风顺的。在漫长的人生旅途中，我们难免会遭遇一些困苦和

挫折，而当这些不愉快的事情出现在我们面前的时候，就给了不良情绪浮出水面的动力，打乱你原来的生活规律。

但是，一味地悲伤、焦虑、抑郁或是愤恨都是没有任何积极作用的，反而会让这些情绪露出可憎的面目，进而吞噬你，损害你的身心健康，使你陷入痛苦的疾病当中。

人是有意识、有感受的生物，这一特质决定了我们不可能永远处于积极的情绪中。我们在面对那些影响巨大的事情的时候，如突然降临的悲剧事件，必然会产生相应的消极情绪，我们会非常痛苦，甚至很难走出来。

所以我们一定要及时调节好自己的情绪，操纵好自己情绪的转换器，将其调整到温和正确的频率上来。

著名记者、作家李海鹏曾在文章里写过这样一段话："我们追求的不是什么超凡脱俗，也不是美，我们追求的甚至不是什么幸福，而是对诸般不可避免的不幸的安然以对。"这就像卡耐基先生告诉我们的一样，在面对不幸时，不必压抑自己的情绪，即使痛哭流涕般的宣泄、释放也是有用的。这样有利于较快恢复心理平衡，回归到平静状态，最终让自己安然应对。

北京奥运会上，一位叫马蒂亚斯·施泰纳的德国举重运动员做出了一件让全世界为之动容的事情。

在男子举重105公斤以上级的比赛中，施泰纳力压群雄，最后勇夺冠军。在颁奖仪式上，他一直将亡妻的照片举在胸前，眼含热泪亲吻着照片，这一举动感动了现场很多人。

施泰纳出生于奥地利的维也纳，他的父亲同样是一位举重运动员。在父亲的耳濡目染下，他很小就对这项体育运动产生了浓厚的兴趣，通过长时间的训练，他渐渐地爱上了这项能够展现强壮身体，阐释完美力量的运动。

师从父业之后，施泰纳有了一个愿望——在赛场上取得成就。随着时间的推移，这个愿望渐渐坚定了下来，但实现愿望的过程却充满了曲折和波澜。

2000年，施泰纳被检测出患有糖尿病，这对一个举重运动员来说简直是晴天霹雳。但他并没有被病魔吓倒，依然坚持训练，克服了心理及身体上的种种困难。

在2004年的雅典奥运会上，施泰纳获得了第七名的成绩，但并没有人关注到他。奥地利国内媒体甚至认为：对于奥地利体育事业来说，施泰纳是可有可无的。这样的评论让强壮的施泰纳感受到了深深的伤害，从此一蹶不振，一度处于消极的情绪当中。当他以为梦想的大门已被重重关上的时候，希望的窗扉却又慢慢打开，透出了温暖的阳光，给他的生活带来了温暖。这道照亮他生活的微光就是德国姑娘苏珊。

施泰纳和苏珊在一次偶然的机会中相识，并很快步入婚姻的殿堂，随后他们一同前往德国东部小镇茨威克，定居在了那里。接着，施泰纳取得了德国国籍。

在甜蜜的婚姻生活中，妻子苏珊不断鼓励施泰纳继续训练，去赛场上实现自己的梦想，给予了施泰纳重新出发的动力。但是此时已经放弃了奥地利国籍的施泰纳失去了经费来源，想要重新开始是困难重重的，苏珊为了支持丈夫继续参加奥运会，开始努力工作赚钱支持丈夫的梦想。

因为只有苏珊一个人工作，所以两个人的生活十分拮据，日子过得十分辛苦。但是两个人相互鼓励，成了彼此坚实的后盾，相约一定要坚持到北京奥运会。可是一场悲剧无情地将两人的美好愿望打碎。2007年7月，苏珊在海德堡发生车祸，永远地离开了施泰纳。

苏珊的离开让施泰纳受到了沉重的打击，但是他并没有放弃，仍然坚持训练，因为他要完成和妻子的约定，实在坚持不住的时候，就会找个没人的地方痛哭一场，将心中的不良情绪发泄出去，让自己的心情能够平静下来，继续投入训练当中。

施泰纳的努力没有白费，他终于在北京奥运会上获得了冠军，也就出现了那样感人的一幕。当这位强人把妻子的照片高高举起展示给世人的时候，他眼含热泪地说："她是我力量的源泉，现在她一定在为我骄傲。"说完这句话，这位强劲的男子流下了深沉的泪水。

施泰纳的遭遇在我们看来是不幸的，这种不幸有时候是不可逆转的，会让我们感到无能为力。这时我们的心中会有万千情绪聚集而来，犹如一群阴森的幽灵。在这样的情形下，我们很有可能会一蹶不振，被绝望的深渊吞噬。

这个时候我们应该怎么做呢？我们可以像施泰纳一样，和一个了解自己心理和情绪的人在一起，努力控制情绪，调节情绪，用合理的方法将内心的不良情绪发泄出去，让自己的内心重新归于平静，让自己的生活重新走上正轨，让自己的事业重新迈上新的台阶。不仅如此，我们还能获得宝贵的人生经验，让我们的人生受益无穷。生活中有很多人会成为情绪的俘虏，当我们被情绪控制的时候，会因为头脑发热做出一些让自己追悔莫及的事情。因此，我们要学会控制自己的情绪，面对一些意想不到的情况时，勇敢面对它，而不是被情绪牵着鼻子走。努力做自己情绪的调节师，而不是成为情绪的奴隶。

第二节　调控情绪的案例

1. 对失业的另一种看法

杰西是美国一家知名公司的财务总监，拿着高额的薪酬，过着令人羡慕的奢华生活。但是当杰西步入中年的时候，因为工作上的疏忽，让公司遭受了巨额的损失，杰西因此离开了公司，中年失业的帽子就这样扣在了杰西的头上。

当他接受媒体采访的时候，记者问了他这样一个问题："曾经的你是如此辉煌，如今面临失业，你的心情如何呢？"

杰西回答说："我想强调的是，从年龄上来说，我不是很老，我不觉得我已到中年，我觉得我的事业才刚刚开始。我现在是一个普通人，我的事业经历了失败，并不能说明我从此会一直失败，只能说生活给了我一个警示。当我感到痛苦的时候，我就去读书，在书中获得内心的宁静和安慰；当我感到艰难的时候，我就去讲课，在求知的目光中感受到自我存在的价值。总之，我会尽力让自己忙起来，这样就会减轻我的烦恼和痛苦。当然，每个人在烦恼的时候选择的排解方式不一样，旅游、购物、看电影、收拾屋子……只要能让自己开心，用什么样的方式都可以。"

卡耐基情商艺术

其实想想看，就算失业了又能怎样呢？失业并不是因为自己的条件太差，只能说明自己到了人生应该转弯的地方，上天在给你指引一条更加光明的道路而已。失业并不是一件应该愁眉苦脸的事情，反而是值得庆幸的，因为我们或许可以少走很多条弯路。

2. 原谅别人就是原谅自己

艾比是美国一家公司的职员，在公司的一次会议当中，一位同事不小心将她的重要文件弄丢了，让艾比在会议上遭到了老板的批评，颜面扫地，还被降了职。

这位同事感到非常愧疚，向艾比表达了自己的歉意。这时，艾比的另一位同事兼闺密安娜对艾比说："这件事情是她造成的，给你带来了这么大的伤害，你不应该这么轻易地原谅她，应该以牙还牙。"

艾比并没有按照闺密的建议去做，而是笑着说："事情既然已经发生了，一定有其主观和客观的多种原因，无论造成的伤害有多大，都要善意地、冷静地、客观地去分析那些原因，真心实意地原谅别人，这样才可以化解隔阂、减少排斥、增进友谊，收获快乐。"

艾比原谅了给她带来伤害的同事，这让那位同事非常感动，她和老总说明了原因，艾比得以回到原来的职位上。

卡耐基情商艺术

在生活中，每个人都会或多或少地遭受过他人的某种伤害，故意的也好，无意的也罢，这些都是在所难免的。我们只有学会原谅和宽容伤害过自己的人，才可以化干戈为玉帛，使自己的人生更加快乐幸福。为了一件别人做错的小事让自己生气，让自己处于痛苦当中，这是何苦呢？有的时候，原谅别人同样也是原谅自己。

3. 学会善待他人

杰瑞是英国一家贸易公司的老板。

有一次，他在开车上班的途中等红灯的时候，一个穿着破旧、金发碧眼的小男孩向他的车走了过来，用稚嫩的语气问他要不要买鲜花，杰瑞看这个男孩十分可怜，准备买几朵鲜花。

小男孩非常高兴，他接着问杰瑞："先生，您想要什么颜色的花呢？"

这时，绿灯亮了，当他掏钱的时候，后面响起了此起彼伏的喇叭声。杰瑞的情绪变得十分暴躁，他大声对男孩说："你还犹豫什么呢，随便拿几朵给我吧，动作快点。"说完粗暴地将钱塞给了小男孩。

杰瑞的态度十分粗暴，小男孩却非常礼貌，他对杰瑞说："先生，谢谢你。"将手里的鲜花递给了杰瑞。杰瑞拿过鲜花扔在了座位上，开车走了。

走了没多长时间，杰瑞突然心生愧疚，于是他准备返回给小男孩道歉。这时，一辆车朝他开了过来，车里的司机递给了杰瑞一张纸条，上面写着："叔叔，你是个好人，谢谢你。"

卡耐基情商艺术

我们生活在一个五彩缤纷的世界中，存在各种各样性格的人，而我们每天都会和他们发生联系，这就需要我们学会和不同性格的人相处。在和他人相处的过程中，善待他人又是至关重要的。

4. 驱散不良情绪

美国总统林肯出生在一个贫困的家庭中，为了维持生计，他年纪很小的时候就出来工作，做过服务员、邮递员等，后来经过不懈的努力，成了一名出色的律师，在事业上取得了成就。

事业有成的林肯开始参选总统，直到第八次才如愿以偿。但是由于他的相貌不起眼，加上对政敌采取感化的态度，使林肯经常受到反对派的奚落。

尤其是在竞选总统期间，他的对手更是对他进行了大肆嘲讽，从他的出身、相貌到多次失败的经历，都进行了奚落和污蔑。

林肯很生气，但是他并没有当面和那个人对质，而是写信给那个污蔑他的人，用最恶毒的语言骂他。信写完后，林肯并没有将信寄出去，而是将它撕掉扔进垃圾桶里。

通过这样的发泄，林肯的心情好了很多，得以以良好的态度面对接下来的竞选工作。而林肯这样的态度也让对手刮目相看，最终他成为美国历史上著名的总统之一。

卡耐基情商艺术

在每个人的心中，都可能或多或少地存在各种自己设置的障碍，而成功的人能够突破这重重的障碍。而在突破障碍的过程中，控制住自己的情绪是不可或缺的一步，而发泄不良情绪又是控制情绪至关重要的一步。

5. 走出焦虑

30 多岁的比利在别人看来，人生是一帆风顺的。他从小成绩优异，毕业于名校，就职于一家知名公司，拿着高额的薪酬，过着让人羡慕的生活。但这光鲜亮丽的背后，却隐藏着不为人知的心酸——从小到大，焦虑一直伴随着比利，从未远离。

上学的时候，比利害怕考试成绩落后，总是处于深深的焦虑中，尤其是在考试前后，这种焦虑就会变本加厉地袭来；工作后，这种焦虑也没有消失，他每天都害怕上班迟到，工作业绩不能达标，工作出现问题等，即使他的工作已经做得很优秀了。

随着工作的不断深入，比利的焦虑感更加严重了，这种焦虑压得他喘不过气来，神经始终处于高度的紧张当中，体力严重透支。终于有一天，他病倒在了工作岗位上。

住院期间，比利的焦虑感又加重了。他害怕这次住院耽误太多的工作，回到工作岗位上时不能正常工作，会被同事们落下，遭到公司的淘汰。

来探望他的同事都劝他说：“你之所以病倒，就是因为平时害怕的事太多，耗费了过多的精力，给身体和心理造成了巨大的负担，如果一直这样下去的话，是很难恢复的。你现在最重要的就是安心养病，让病赶快好起来，才能尽快回到工作岗位中来。”

医生也在一旁强调说：“病人的病情，很大一部分是源于心理问题——严重的焦虑心理，使病情恶化。”

比利这才恍然大悟，是自己没日没夜的焦虑将自己的身体一点点拖垮，回想起来，那些自己担心的事情并没有真的发生，而自己却在无形的焦虑当中被侵蚀了。

出院后的比利努力使自己走出焦虑的心理，建立了积极乐观的心态，生活和工作有了很大的改观。

卡耐基情商艺术

焦虑在很多时候是没有任何意义和价值的，它不仅会拖慢我们前进的速度，还会形成一些不必要的阻力。

6. 转移注意

小时候的托马斯十分喜爱打篮球，但是因为发育缓慢，他比其他的同龄人要矮小。每当他去篮球场打球的时候，他的身材就成了球场上很多人嘲笑的对象。他们认为，个子这么矮小，怎么还敢打篮球呢，篮球是高个子的运动。

有着很强自尊心的托马斯，在面对他人嘲笑和挑衅的时候，反应非常强烈，果断地进行回击，但由于自身条件的限制，每次都铩羽而归，进而受到更加严厉的嘲笑。他再一次被激怒，再次回击，被打，受伤……就这样，托马斯陷入一个恶性循环当中。

有一天，托马斯被嘲笑他的人打得鼻青脸肿，无力回击，只好灰头土脸地回家。

他的父亲见状，一边给他处理伤口，一边问他："你怎么又和别人打架了？"

托马斯生气地回答："他们总是嘲笑我的身高，我受不了这种侮辱。"

"他们的嘲笑激怒了你，你进行了正面的回击，结果怎样呢？他们对你的态度有改变吗？你为什么一直用暴力的方式去面对他们呢？你就没有想过，以一种更有效的方式来堵住他们的嘴吗？"

父亲的话让小托马斯陷入了深深的思考当中。他意识到，那些在球场上嘲笑他的人，无非是觉得自己太矮，根本就不适合打篮球。自己的身高在短时间内是无法改变的，既然这样，为什么不好好磨炼自己的球技，让那些人知道矮个子也是可以打好篮球的，这样就可以堵住那些人的嘴了。

从此，小托马斯不再纠结于他人的嘲笑，把注意力转移到磨炼篮球基本功上，让自己的技术有了质的飞跃，在篮球事业上取得了突出的成绩，成功地堵住了那些嘲笑他的人的嘴。

卡耐基情商艺术

当我们把自己的目光转移到更有意义的事情上时，我们的生命才不会被白白地浪费掉。生命有限，何必去浪费呢？

7. 学会忍耐

萨姆是一家网络公司的资深工程师。

一天，他正在与一位新同事讨论工作上的事情。这时，老板从办公室摔门而出，他刚刚在电话会议中与投资方进行了一场失败的谈判，碰见正在谈笑的两人，以为他们是在闲聊，就将无处释放的怒火全都撒在了萨姆和新同事的身上。

两个人感觉很莫名其妙，但是又无从辩解，只好忍受着老板的批评。发泄完怒火的老板扬长而去后，萨姆和新来的同事却做出了截然不同的反应。

新来的同事虽然很委屈，但考虑到自己刚进公司，被老板骂是很正常的事情，而且自己在进入公司前也做好了挨骂的准备，就没太在意这件事情。

而萨姆却无法忍受这件事情，他认为自己是公司的老员工，为公司的发展做出了突出的贡献，老板竟然当众给了自己这么大的羞辱，萨姆的心里非常不平衡，越想越生气，始终不能平静下来，一时冲动，递交了辞呈。

这一时的冲动却给萨姆带来了很多不良的后果。

辞职之后，萨姆去一些公司应聘，当被问到辞职原因时，他的回答让这些企业的负责人很担心一个对小事都无法忍耐的人，在新的工作环境中，面对类似问题会做出同样冲动的举动，都拒绝了萨姆的应聘请求。

在很长一段时间内萨姆都没有找到工作，他对自己一时的冲动之举追悔莫及。

卡耐基情商艺术

生活中有很多事情需要我们去忍耐，一时的忍耐所避免的麻烦要比一时冲动带给我们的暂时快感重要得多。

8. 收敛你的喜悦

卡特被公司领导提拔为部门的主管，这是一件值得高兴的事，周围的同事也都表示了适当的祝贺。

卡特太高兴了，很难抑制住自己的喜悦心情，在下班之后，他邀请了一些同事来家里聚会，庆祝自己的晋升。

晚餐十分丰盛，大家相谈甚欢。酒过三巡，卡特站起来向大家道谢：“感谢大家来为我捧场，这次的晋升是对我工作能力的极大肯定，也证明我在众人当中是出类拔萃的，领导没有看走眼，让我当上了部门的主管。”

同事们听完之后，露出了礼貌的微笑，之后就都陆续找借口提前离开了。

在之后的工作中，卡特更是进行了各种炫耀，让同事觉得他有点得意忘形，于是大家都尽量避免和他进行正面接触，刻意地疏远他。

终于有一天，周围的同事都彻底把卡特孤立了起来，卡特再也高兴不起来了。

卡耐基情商艺术

一个人取得了一些成就时，表现出适当的喜悦是无可厚非的，但请记住收敛自己的喜悦，因为在他人的眼里，你的过分喜悦只是一种一时得志的炫耀，并不是每个人都想分享你的喜悦。就算是对身边亲近的人，也要适可而止。

9. 拒绝被他人带坏

一位著名的钢琴家和自己的好朋友经过一个报亭，钢琴家很有礼貌地对售货员说："您好，请给我一份今天的晚报。"

售货员表现得十分冷漠，一言不发地把报纸扔给了钢琴家。钢琴家笑着说了声"谢谢"就和自己的朋友走开了。

他们走开后，一旁的朋友很不解地说："那个售货员的态度那么恶劣，你为什么还要对他那么礼貌呢？为什么不以牙还牙，让他也体会到被人冷漠对待的滋味呢？"

钢琴家笑着对朋友说："既然知道那个人的态度很不好，为什么还要让自己的心情被他带坏呢？"

朋友恍然大悟。他回忆起在钢琴家的一次演出上，底下的一位观众总是喝倒彩，人们都以为钢琴家会因此受到影响而出现失误，但是钢琴家十分淡定从容地将演出完美地呈现了出来。

演出结束后，在谢幕讲话中，钢琴家当众向那位一直喝倒彩的观众说："感谢您一直坚持听完我的演出。"

那位观众顿时哑口无言。

卡耐基情商艺术

当发现别人情绪不好时，我们应该明白，这或许就是他们的习惯，也或许是他们一时的心情不好，如果我们的情绪也被他们带坏的话，是极为不明智的，拒绝被任何人带坏情绪才是我们应该有的选择。

10. 心静的力量

查理和艾德在同一间实验室工作，他们都有自己的研究项目，但是他们两人对工作的态度却是截然相反的。

每当工作进入攻坚阶段，查理就会变得很浮躁，即使是一点点的数据偏差，也会让他心烦意乱。同事的一点点响动都会让他产生很强的情绪波动。

新来的实习生就跟着遭了殃，实验进度缓慢，要被查理狠狠地训斥；实验过程中，器械的位置摆放稍有调整，就难逃厄运。

查理看似严谨的作风和积极的行动，并没有让他获得尽如人意的实验成果。

而在一旁独自默默工作的艾德，每次都能有一些新的成果和突破。查理很是不解，就问艾德："你藏着怎样的秘诀呢？"

艾德微笑着说："我没有什么成功的秘诀，我只是在做事时努力使自己的心平静下来，尽量不受外界的干扰，将全部的精力都集中在眼前的实验上，我的工作效率自然而然有了保证。你之所以总是不能获得突破，是因为你的内心太浮躁，有太多的东西牵绊着你，让你不能静下心来做事。"

此时的查理如梦初醒，喃喃自语道："原来心静的力量如此大。"

卡耐基情商艺术

人只有将心静下来的时候，才能摒弃各种诱惑和干扰，集中精力，心无旁骛地做好眼前的事情，才能使自身的潜能得到更好的发挥。

11. 克服拖延

本杰明的办公桌上堆积着很多文件，似乎永远都做不完。这并不是因为公司给他分配的任务比别人多，而是因为他有严重的拖延症，这导致他昨天的任务堆积到了今天，今天的任务又堆积到了明天。日积月累，任务越来越多，完成的可能性就越来越小，就这样，陷入了一个死循环当中。本杰明非常苦恼，他明明知道这样拖延下去的后果会越来越严重，可就是控制不住自己。

生活中的他同样拥有严重的拖延症。家里的草坪需要修剪，他一直拖延，直到杂草掩盖了一旁的灌木；周末送女儿去夏令营时，由于出门前的拖延，最终错过了营地的班车；银行的账单没有及时处理，产生了数目不小的滞纳金。

最终，本杰明的妻子在一次次苦劝无果之后，选择与他离婚；公司的领导对他消极的工作状态很是不满，给予了他严重的警告。

种种的打击让本杰明走入了绝境，这时他才意识到，是拖延毁掉了自己的生活。但拖延的养成不是一朝一夕的，想要在短时间内有明显的改观也是不太可能的，本杰明只能承受着各种拖延带来的恶果。

卡耐基情商艺术

拖延是人生的大敌，在无谓的消磨时间后，带给我们的是无尽的负担。所以我们要及时做事，消灭拖延行为。

12. 不掩饰自己的错误

海沃德是一家证券公司的分析师，每天都会向不同的客户提供咨询服务，为他们推荐一些行情较好的股票。由于业务能力突出，海沃德在圈内拥有良好的口碑。

一天，史密斯夫妇慕名来找他咨询，他们希望在海沃德的指导下，买进一些股票。经过一下午的交谈，史密斯夫妇对海沃德的能力深信不疑，准备按他的建议进行投资。

海沃德叫他们先回去，然后晚上发一份清单给他们，第二天开盘时按照上面的名字买入就可以。或许是因为太过劳累，海沃德不小心把一份过期清单发给了史密斯夫妇。

三天之后，他才发现了自己工作上的失误，此时史密斯夫妇已按照他的错误清单买入了大量股票，虽然没有明显的亏损，却存在潜在的巨大危机。

海沃德苦恼了起来：如果现在告诉史密斯夫妇自己犯了错误，势必影响自己的声誉。可是股市有太多不确定的因素，本身就有着很大的风险，自己也不是百分百正确的，别人也不一定就能发现这次投资失败是由于自己的工作失误。但如果不告诉他们的话，他们一定会承担不小的损失，会给他们带来很多不良的影响。

最终，海沃德战胜了自己想要掩饰错误的那种情绪，告诉了史密斯夫妇事实的真相，及时为史密斯夫妇止损。

史密斯夫妇并没有因此而责怪海沃德，反而觉得他是一个值得信任的人，决定继续与他合作。而这件事情也为海沃德赢得了更多的客户。

卡耐基情商艺术

人总是会犯错，在不断的试错和改正中进步。逃避错误是一种极其愚蠢的行为，真正高情商的人会主动承认自己的错误。

13. 面对谣言

大卫是一位才华出众的美国年轻人，作为一颗政治新星，前途一片光明。在他竞选州议员的过程中，人们都感觉到他胜券在握。但是，一次意外事件的发生彻底打乱了他的竞选计划。

有人造谣说他在地方从政期间，与自己的女下属有暧昧关系。对于这个子虚乌有的诽谤，大卫实在不能忍受，极力为自己辩解。在每次的竞选集会中，他都义愤填膺地谴责那些造谣者，以此来证明自己的清白。但这样的行为不仅没有证明自己的清白，反而引起了支持者的反感。本来那些支持者并不在意这个可信度很低的谣言，但因为每次集会这件事都被他重新提起，不得不让人产生遐想，有了几分欲盖弥彰的味道。

这也让大卫的竞争对手有了一些可乘之机，他们借此制造了一个话题："既然他一直说那是没有的事情，时间自会证明一切，可他为什么又表现得那么激动呢，这难道不是在狡辩吗？"

大卫的情绪受到了更加强烈的刺激，变得越发不稳定。他为此事进行了强烈的反抗和辩解，越是这样，人们对他的信任就变得越低。

很快，人们就厌倦了他无休止的辩解，甚至连身边的朋友和亲人都对他产生了怀疑，大卫的竞选之路最终被那些谣言毁掉了，大卫从此一蹶不振。

就这样，一颗还未升起来的新星，就在无奈中陨落了。

卡耐基情商艺术

谣言止于智者，轻信谣言和受制于谣言的人，都活得劳累且没有意义。任人摆布是对生命和才能的辜负。

14. 镇定地把握住每一次机会

布罗斯是前美国国务卿赖斯执政期间最得力的助手，也是最了解赖斯的心意的人。然而在刚进入美国国务院的时候，布罗斯是经验最少、资历最浅的演讲稿撰写人。当时，国务院里已经有了很多大名鼎鼎的撰写人了，而且他们曾写出众多优秀的演讲稿，每当看到那么多优秀的同事与自己一起工作时，布罗斯的心中都充满了压力，因为他不知道自己能否在其中脱颖而出，甚至有时觉得前途渺茫，看不到出头之日。

机会在布罗斯进入美国国务院一年之后降临了。当时任职美国国家安全顾问的赖斯被提名为国务卿。在美国，新任国务卿上任后，都要在任命会上做一个发言，而发言的内容对于她之后的工作和支持率都会有所影响。赖斯上任后，立刻召集了国务院里所有的演讲稿撰写人，要求他们对自己即将参加的任命听证会上的发言内容进行商讨。

于是，布罗斯跟同事们一起进入白宫。与以往不同的是，这一次他们直接被领进了白宫的形势分析室，同事们都露出了惊讶不已的表情。惊讶过后，沉闷的讨论就在分析室里开始了。讨论一直在持续着，过了很长时间都没有任何进展，因为与会人员没有人能提出什么更好的主意。这时，年仅 25 岁的布罗斯羞涩地举起了右手，提出了自己的建议：让赖斯在听证会上阐述自己的外交政策。

如平静的湖面被投入了一颗石子，赖斯一下被这个年轻人吸引住了，她特意叮嘱她的高级顾问吉姆·威尔金森：“那个红头发的孩子是谁？注意一下他。”

正是这一次举手，彻底改变了布罗斯的命运。布罗斯写的演讲稿最符合赖斯的风格，他逐渐成为赖斯身边不可或缺的人才，成为赖斯在政策和宣传方面最亲密的顾问。他成了美国国务院的一颗冉冉升起的新星，赖斯每次出国访问时，很不习惯没有布罗斯跟在身边的日子，这一点就连赖斯的许多高级顾问都对他羡慕不已。高级国务卿助手伊丽莎白·切尼也钦佩地称赞道：“在华盛顿，写演讲稿是最难的一份工作，而布罗斯是写得最好的。”伊丽莎白对布罗斯写作时的“切入主题”和“求知欲”也赞不绝口。甚至连《华盛顿邮报》都在评论中说道：“他的攀升历程几乎能拿到好莱坞拍剧本了。”

虽然表面上被人艳羡不已，但只有布罗斯自己知道，每次写演讲稿前，自己都做了哪些准备工作，如果没有这些努力，是不可能写出如此切题的稿件的。

卡耐基情商艺术

人生都是在苦苦等待机会，当机会来临时，不要让激动的情绪打乱你展示自我的节奏，要稳定情绪，好好把握这来之不易的机会。

第二章 02

如何提高情商，为成功助力

第一节 卡耐基告诉你如何提高并发挥自己的情商

1. 高智商不等于高情商

近年来，有这样一句话："聪明是一种新的性感。"这表明，如今的人们开始更多地欣赏和敬仰个体的智商，会对一个人内在的才华着迷，而不再仅仅关注其姣好的容貌了。

那些聪明人必定是具有高智商的，但是我们也会产生一个疑问：那些高智商的人真的能很好地应对和处理生活中发生的一切吗？

历史上的某些伟大人物在自己专注的领域叱咤风云，闪烁着耀眼的光芒，个个都在身体力行地改变着世界，可是他们却在面对自己的世俗生活时表现得一塌糊涂，这也可能间接告诉了我们一个事实：拥有高智商的人并不一定也拥有高情商。

情商是测定和描述人的"情绪智力"的一种指标，具体包括对情绪的自控性、对人际关系的处理能力、对挫折的承受力、对自我的了解程度以及对他人的理解与宽容等。情商被描述为由三种能力组成的结构：准确评价和表达情绪的能力；有效地调节情绪的能力；将情绪体验运用于驱动、计划和追求成功等动机和意志行动过程的能力。现代心理学家认为，情商与智商同样重要，都是迈向成功的一个重要因素。

卡耐基先生认为，我们在努力学习知识的同时也要不断提高自己的情商，这样才能在尽可能认识这个世界时也让自己更好地与这个世界相处。高情商和我们能接近更美好顺遂的生活是息息相关的，不然即使你聪慧傲世，天赋过人，也有可能稍有不慎就让自己因为无法圆融地处理世事而坠入痛苦之中。

2. 认识情绪智力，做自己命运的主宰者

著名美籍华裔科幻作家特德·姜在他的短篇小说《你一生的故事》里曾用关于光的传播原理来描述人对待命运时的自由意志问题，他在后记里引用了冯内古特给《五号屠场》所做的简介里的话来表达这篇故事的主题："斯蒂芬·霍金认为，我们无法预知未来很有挑逗意味。但现在，预知未来对我来说小菜一碟。我知道我那些无助的、信赖他人的孩子后来怎样了，因为他们已经成人。我知道我那些老友的结局是什么，因为他们大多已经退休或去世了。我想对霍金以及所有比我年轻的人们说：耐心点。你的未来将会来到你面前，像只小狗一样躺在你脚边，无论你是什么样的，它都会理解你、爱你。"这个主题里有对命运的一种探寻，就像光在出发之时，就已知晓抵达。命运是被动的确定，看你如何经过。

那我们到底能不能掌握自己的命运呢？或者说尽量去接近那句萦绕于心的豪言壮语："做自己命运的主宰者。"其实命运也不是虚浮的，它存在于我们认识这个世界的方式里，而知晓和提升情绪智力是我们人生至关重要的一环。

情绪智力又称情感智力、情感智慧或情商，是指个体监控自己及他人的情绪和情感，并识别、利用这些信息指导自己的思想和行为的能力。情绪智力是近年来对商业企业最有影响的思想之一，它的理念是，经理人了解和控制自己以及周围同事情感的能力，将决定企业能否有更好的商业表现。同其他许多重要管理学思想的重大突破一样，情绪智力的概念最初也是来源于商业领域。卡耐基先生认为，较高的情感智力是与他人沟通交流，处理人际关系的驱动力，也是更好地完成"社会人"这一角色的责任与义务。

黄某是一位喜剧演员，长相平平，却有着很高的情商，特别会说话。他经常会用自己的幽默去化解别人的刁难，成功化解尴尬。

在一次颁奖典礼上，作为颁奖嘉宾的他受到了另一位颁奖嘉宾的刁难。

这一天星光熠熠，很多明星来到了颁奖典礼的现场，可谓华人明星的一

次大聚会。所有的明星都身着华丽的服装，颁奖现场也富丽堂皇。

作为颁奖嘉宾的黄某也精心挑选了一套服装，这套服装是暗色的绸缎印花材质，长袍腰带造型，虽然很精致，但因为类似睡衣，给人一种很随意的感觉。相较于黄某的随意，主持人的服装就显得别出心裁了。他身穿一件黑白相间的格子礼服，礼服后面有一个马的造型，和颁奖典礼的名称相呼应。

颁奖典礼开始的时候，黄某和一位女演员共同担任颁奖嘉宾，女演员看着他的衣服，脸上露出不屑的表情，淡淡地说："今天你是穿睡衣来的吧，我已经五年的时间没有出席过颁奖典礼了，今年受到邀请，我备感荣幸，所以盛装出席。你看看台下的男演员，他们比你大牌多了，长得也比你帅多了，但是他们穿得比你隆重多了。"

这时台下的气氛突然安静了起来，所有人的眼睛都在盯着黄某，看他如何化解。

面对女演员的刁难，黄某显得特别淡定，他轻松地说："对对对，因为他们都是客人嘛，客人到别人家里去，当然要穿得隆重一点儿。你已经五年没来了，可我这五年却一直在这个舞台上，这里就像我的家一样。在家应该穿什么？在家当然得穿得舒服一点啊。"他的话音刚落，台下已经笑声四起，掌声连连。

从黄某的故事里我们可以看出，如果一个人能够很清楚地认识和理解情绪智力，他就不会成为情绪的奴隶，不会受到情绪的驱使和控制，而会成为命运的主人。当他受到刁难的时候，并没有让情绪随意发泄，而是用了幽默的方式成功反击，这就是一种情绪上的智力。

所以我们一定要重视对自己情绪智力的培养，努力去认识它、理解它，并在我们的日常生活中将它合理地体现和应用，这样我们才不会沦为情绪的奴隶，而是会很好地应对他们的彼此交融与呈现。

正如卡耐基先生所说的："学会控制情绪是我们获得成功和快乐的要诀。"情绪与我们的生活息息相关，它也深刻地影响着我们的生活。而通过看一个人用何种方式生活，有着怎样认识世界的角度，就有可能看到这个人的命运。能够将命运紧握在自己手中的人，想必也是幸福快乐的。由此可见，成为一个认识和理解情绪智力的人，其实也就是在做自己命运的主宰者。

3. 稀释愤怒，别让愤怒摧毁你

人是有情感、有意识的生物，会在自己的内心建立起许多判断，即使有时它是盲目、错误的，我们也不以为然。在立场所砌成的水泥地上满是你强硬的成见，一旦有人触碰你认知的边界，你就会把自己置身于敌意之中，愤怒的情绪也随之而来。这种愤怒也许有时候是有意义的，可以让你意识到自己的切身利益有可能遭受到损害，从而开始反抗权威，意图探寻真正的个性与自由。

但在很多情况下，我们的愤怒是没有缘由的，只是因为自己被情绪控制，就爆发出来。

在加拿大著名导演丹尼斯·维伦纽瓦的电影《囚徒》中，男主角凯勒因女儿离奇失踪而情绪失常，在错误地认定凶手是有着精神问题的神秘男子艾利克斯的情况下，竟然背着警察把艾利克斯拘禁起来，然后对其加以折磨，想要问出女儿的下落。

凯勒并不是可怕的恶魔，他是一个有信仰的人。可凯勒已经被愤怒侵袭，成了自己情绪的囚徒，无辜的艾利克斯成了他的囚徒。

愤怒是一种消极的负面情绪，它常常潜伏在你对日常事物的观感中，一旦你深陷其中，无法摆脱情绪的泥淖时，它就会侵入你的心灵，想要控制和扭曲你的意识，摧毁你的理智。

所以我们应该理智地看待周边的人和事，绝对不要被愤怒的情绪驱使。我们应该努力让自己保持一种理智的精神状态，当有愤怒出现时，将其稀释掉，这样愤怒就很难摧毁你了。

愤怒是一种无能的表现，拥有高情商的人都擅于控制自己的不良情绪。我们应该学会稀释自己的愤怒情绪，控制它、改造它，将它转化为自己人生成长道路上的动力，不能让它成为将你生活毁掉的可怕利器。虽然很多人觉得我们所置身的是一个浮躁的时代，而这样的浮躁是极容易诱发愤怒的，但是只要提高自己的自控能力，随时保持住内心的平静，就不会被愤怒的情绪缠绕。

4. 告别忧郁，才能积极地生活

忧郁产生的原因大部分是人的大脑无法接受并处理一个事件。因为事件不遂人意，人就会产生低落情绪，坠入低谷，对生活失去激情，对未来失去希望。长期被忧郁困扰的人往往容易患抑郁症。

虽然我们有时也会听到像“忧郁王子”这样感觉上并没有什么危害的词，人们反而对这样的人有一种神秘的向往。但其实忧郁是一种常见的情绪困扰，它使得你很难积极地去面对生活，而是长时间处于自己心境所营造出的灰暗中。

如果这样的状态一直持续下去，无法得到很好的解决，它可能带来的危害是相当大的，它会彻底改变人对世界以及人际关系的认识，甚至有些人会以自杀的方式来结束自己的生命。就像著名绘本漫画家几米所说的：“有阴影的地方必定有光。”我们当然不可能无时无刻都处于有活力的状态，肯定会遭遇一些不顺遂之事，但我们一定不能被由此产生的沮丧、忧伤、自卑的情绪围困得动弹不得，从而陷入忧郁的泥沼中，难以自拔。要相信，只要自己拥有健全的信仰和积极的态度，就一定能在看似坚固的阴影之中找到能够照亮生活的光，那道光会引领我们告别忧郁，重拾希望。

爱德华·伊文斯先生生活在底特律城，他曾长时间被忧郁困扰，甚至想过自杀。当他还是个小孩子的时候，家庭十分穷困，为此他一直在奔波中努力工作。最初他靠卖报维持生活，后来又去杂货店做店员，养活家里七口人的重担深深地压在他的肩上，他必须找新的工作。因此他又做了图书管理员助理，虽然薪资不高，但他也不敢轻易辞职。

就这样辛苦地干了 8 年后，他终于有了勇气创业。在创业的过程中，他不但还清了为创业借来的钱，而且一年净赚了 2 万美元。但令他始料不及的是，他存钱的银行倒闭，所有的财产不翼而飞，还欠了 16000 美元。

这突如其来的巨大打击令他“寝食难安”，他说：“由于过度忧郁，我的身体也开始患上奇怪的病症。在一次走路时我忽然昏倒，从此只能卧床休息。那时的我浑身发烫，整个人一天天衰弱下去，医生还告诉我，我只有几周的生命了。”

伊文斯先生写好了遗嘱，表现出一种听天由命的状态，想着干脆就这样躺下等死吧。但是在这个过程中，伊文斯逐渐释怀了，变得放松了，抛开了一切困扰他的问题，他学会了珍惜生命中的每一天，学会了珍惜当下。就这样连续休息了几个星期，他的睡眠质量开始好起来，所有的烦恼也都逐渐烟消云散了。他的胃口得到了恢复，体重也逐渐增加。

几周后，他试着离开病床，拄着拐杖开始重新走路。六周后，他又重新投入工作岗位中。

他终于不再痛苦地沉溺于对过去和未来的忧郁当中了，而是把所有的时间、精力、热情都投入他为之愉悦的工作当中。

从此以后，伊文斯先生的事业飞速发展，几年后，他已功成名就，荣升为伊文斯工业公司的董事长。

意大利诗人但丁说过：“想想吧，今天将一去不复返。”生命是在一天天流逝的，那该怎么做到“时光飞逝，而我心安”呢？应该清楚地认识到，我们真正需要在乎的，就是此时、此地、此身。而成功摆脱忧郁，走向了人生辉煌的伊文斯先生也是理解了这个道理，掌握了“活在完全独立的今天”的哲学，努力认清了生命就是此时此刻。

古罗马诗人荷瑞斯在公元前 39 年写过这样一首诗：“只有能把今天当作自己的一天的人，才能活得很快乐。因为他在今天觉得安全，并能说：‘不管明天多糟糕，我已经活过了今天。’”

诚然，一个聪明人会意识到每天都是一个新的开始，就如卡耐基先生认为的那样：人最可怜之处就是忽略今天的生活，眺望明天。我们向往天际瑰丽的玫瑰园，却不会欣赏窗前今天就盛开的玫瑰。

所以我们应该好好活在当下，而不是让自己陷入忧郁的泥淖里。应该多看到这世界的美好，看到爱与温情，保持乐观的心态，真切地感受到生活给予你的幸福的力量。

第二节 拥有高情商的案例

1. 所谓的聪明人

好莱坞一位很有名气的女演员结婚生子后迅速发了福，这件事若放在一般人身上都会让人忍受不了，何况是一位名扬国际的明星。但是这位女演员非但不以为意，还总是拿自己现在的身材开玩笑。她经常在接受采访的时候对记者“口无遮拦”地说：“我现在可再也不敢穿上我以前最喜欢的白色泳衣在海边游泳了。”

伴随着爽朗的笑声，女演员豁达的模样让记者们顿生好感，没有一个人忍心去“黑”她，反而对她的真性情称赞不已。其实，这也是一种高情商的表现。

卡耐基情商艺术

那些所谓的聪明人的成功，并不是由其智商决定的。真正的聪明人与常人拉开差距的重要原因，是他们的情商。

2. 一张纸片

在一家前景不错的公司里，总经理叮嘱全体员工：“谁也不要走进 8 楼那个没挂门牌的房间。”但他没有解释为什么。员工们都牢牢记住了总经理的叮嘱。一个月后，公司招聘了一批新员工，总经理对新员工又交代了一次这个要求。“为什么？”有个年轻人小声嘀咕了一句。

“不为什么，”总经理满脸严肃地答道。

回到岗位上后，年轻人还在不解地思考着总经理的叮嘱，其他人劝她干好自己的工作，别瞎操心，听总经理的没错，但年轻人偏要走进那个房间看看。她轻轻地叩门，没有反应，再轻轻一推，虚掩的门开了。只见里面放着一张纸牌，上面用红字写着，把纸牌送给总经理。同事劝她赶紧把纸牌放回去，大家替她保密，年轻人却直奔15楼的总经理办公室。当她将那个纸牌交到总经理手中时，总经理宣布了一项惊人的结果。从现在起，年轻人被任命为销售部经理。

"就因为我把那个纸牌拿来了？"

"没错，我已经等了快半年了，相信你能胜任这份工作，"总经理充满信心地说道。

果然年轻人不负众望，把销售的工作搞得红红火火。

卡耐基情商艺术

在很多时候，我们与成功只隔着一张纸片的距离，只要你敢于去打破常规，就会离成功越来越近。

3. 了不起的萧伯纳

一天，一个年轻男子骑车从公园附近的小路经过。由于小路是一个小斜坡，该男子从小斜坡的路上骑下来的时候，一时刹不住车闸，把一个正好经过的男人撞倒了。年轻人赶忙下车去搀扶他，不料被他撞倒的原来是大名鼎鼎的文学巨匠萧伯纳。年轻人感到非常不安，脸涨得通红，结结巴巴地向萧伯纳连声道歉。

再看萧伯纳先生，他只是淡定地拍了拍衣服上的灰尘，若无其事地站了起来，他看到那位年轻人一脸的抱歉，心里早就原谅了他，但是脸上却装出一副很惋惜的样子。

他对年轻人说："你真是不幸啊，先生，你怎么没把我撞死呢？如果你把我撞死了该多好，唉！"

年轻人被萧伯纳搞得一头雾水，半天也说不出话来。这时萧伯纳哈哈大笑了起来，对年轻人说："如果你把我撞死了，你就可以一夜成名了啊！小伙子，你错过了一个绝好的机会啊！”

年轻人听到萧伯纳这么说，不好意思地笑了，因为他知道萧伯纳已经原谅了他。

萧伯纳在这样的情况下还能保持风度，用他的幽默宽容化解了年轻人的窘境，真是了不起的萧伯纳。

卡耐基情商艺术

一个在极端境况下还能保持淡定从容的人，一定具有一个强大的内心，这样的人才会变得了不起。

4. 爱迪生的回应

爱迪生是一位做事严谨认真的发明家，在研究白炽灯灯泡的时候，为了给人类带来光明，不惜花费多年时间，失败了成千上万次，甚至连头发丝都用上了。当白炽灯还没有被研制成功的时候，有些人取笑爱迪生说：先生，你的这个实验已经失败了 1200 次了，是什么魔力使你那么的执着？我劝你还是放弃吧，不要这么耗费时间了，有这个时间你还不如搞点其他方面的研究，也许成功的概率会大些。

面对各种奚落挖苦，爱迪生却很淡定，他不失幽默地回答：“我没有浪费时间啊，至少我已经发现了有一千两百种材料是不适合做灯丝的。”

爱迪生用幽默的语言，既回答了对方的质问，又化解了自己的困境，对方也没有再说出任何挑衅性的话了。

卡耐基情商艺术

并不是所有的挑衅和攻击都能对我们产生实际的影响，关键是看我们做出怎样的回应。以一种迂回的战术来解决这类问题，会使我们被动的情况有很大的改观。

5. 霍桑的太太

美国著名作家霍桑的成名之路并不是一帆风顺的，他在成名之前只是一个海关的小职员，每天的工作虽不是繁重，但也十分消磨人的意志，无聊透顶。

有一天他垂头丧气地回家，对太太说他被老板炒了鱿鱼。他的太太苏菲娅听了，不但没有不满，反而兴奋地叫了起来：“这样你就可以专心地写作了！”

“是啊，”霍桑一脸苦笑着答道。

“但是我光写书不干活，我们靠什么吃饭呀？”

这时苏菲娅打开抽屉，拿出一沓为数不少的钞票。

“这钱是哪里来的？”霍桑张大了嘴，吃惊地问。

“我一直相信你有写作的才华，”苏菲娅解释道，“我相信有一天你会写出一部名著，所以每个星期我都把家庭费用省下来一点。现在，靠这些钱我们能够活一年了。”

有了太太精神上和经济上的支持，霍桑专心从事写作，果真完成了美国文学史上的巨著——《红字》。

霍桑的成功离不开这位有高情商的太太，是她为丈夫创造了一个优良的写作环境。

卡耐基情商艺术

不是每一次的生活变故都是负面的，只要你有积极的心态和未雨绸缪的变通方法，一切看似绝境的困难都有可能成为绝处逢生的转折点。

6. 爱因斯坦的同情

著名物理学家爱因斯坦对时间的珍视是世人皆知的，他一天常常工作 20 个小时。所以他会避免生活中很多不必要的活动对自己产生的影响。他经常会拒绝采访或画像的请求，但是有一次他改变了态度。

一天，一位画家请求为他画像。爱因斯坦照例回绝道：“不，我没有时间”。

“但是我非常需要这幅画所得的钱啊！”画家恳切地说。

“哦，那就是另一回事了，”爱因斯坦马上改变了态度，“我当然可以坐下来让您画像。”

画家瞬间感动得说不出话来。

爱因斯坦作为一个科研工作者，有着超强的时间观念和自己的原则，但在面对不同情况时，会做出适当的调整，这并不是违背本性，而是从人性出发，给予他人必要的同情。最终他收获的不仅是世人的赞誉，更是自己心灵上的满足和慰藉。

卡耐基情商艺术

同情心可以使伟人变得更伟大，而坦诚和直率则是达到目的的捷径。爱因斯坦的智商毋庸置疑，他的情商也令人赞叹。一个人不管取得多大的成就，有多高的地位，不忘初心总能让你的生活变得更加充满爱和光明。

7. 肯尼迪的冷静

在美国历史上，肯尼迪是一位非常优秀的总统，其文韬武略和胆识魄力无不为人所叹服。在诸多优点中，肯尼迪的临危不乱是我们不得不提的。当年他就是凭借冷静的应对能力，超高的智商和情商赢得了大选。

在美国第 35 任总统选举时期，年轻的肯尼迪得到候选人的提名，很多政客认为肯尼迪虽然能力强，但是年纪太小了，在很多方面很不成熟。杜鲁门在一次全国性演讲中向肯尼迪宣战：“我们需要的是一个极其成熟的人。”

肯尼迪说：“如果年龄被认为是成熟标准的话，那么美国将放弃对 44 岁以下所有人的信任。这种排斥可能阻止杰斐逊起草独立宣言，阻止华盛顿指挥独立战争中的美国军队，阻止麦迪逊起草宪法，阻止哥伦布去发现新大陆了。”

众议院发言人萨姆说肯尼迪还是个毛头小伙子，不适合做总统，还不如让贤。

肯尼迪笑着答道："萨姆今年多大了？78岁。对一个已经78岁的人来说，他眼中的大部分人很年轻，他认为我年轻太正常不过了啊！"

就这样，在对手的一次次攻击下，肯尼迪都沉着冷静地予以了有力的反击，逐渐得到了人们的认可。

卡耐基情商艺术

在通常情况下，那些爱揭短、搬弄是非的人大多是故意在找茬。他们很希望你在公众面前出洋相，让你进退两难，最后偃旗息鼓。应对这样的情况，我们首先要做到的就是冷静，在冷静中寻找更好的方式来摆脱困境。

8. 男孩与父亲

一个风和日丽的下午，一个美国小男孩正在自己家的草坪上踢足球，因为力度过大，不小心将球踢到了邻居家的玻璃上，玻璃被砸碎了。邻居应声出来，向小男孩索赔15美元。

小男孩慌慌张张地回到了家，父亲看到惊慌失措的男孩，便上前询问情况。男孩向父亲讲述了事情的经过，说完之后，等待着父亲的惩罚。

父亲听完之后，并没有向他发火，也没有严厉批评他，而是非常平静地说："既然是自己闯下的祸，你就要自己承担责任，这个钱要你自己来出。"

男孩听了非常绝望，哭哭啼啼地说："我还是个孩子，哪里有15美元呢？"

看着哭泣的男孩，父亲仍然非常平静地说："我可以借给你15美元，但是一年之后你要还给我。"

男孩将钱给了邻居。为了还上这15美元，他利用课余时间做兼职，去饮料店当服务员，去邮局送报纸，经过半年的努力，终于将15美元还给了父亲。

父亲在孩子犯了错误时并没有一味地责怪孩子，没有将不良的情绪发泄给孩子，很好地控制了自己的情绪。也没有替孩子承担过失，而是让孩子学会真正的承担。

父亲的教育方式展现了他的高情商。

卡耐基情商艺术

对孩子的教育不应该只停留在口头上，当出现问题时，让他们亲自去解决，所达到的效果是最明显有效的。

作为父母，在孩子面前控制住自己的情绪，找到更好的解决方式，是一种高情商的表现。这种表现能够给孩子产生重要的影响，使孩子终身受益。

9. 身材矮小的音乐家

他因为患有罕见的“成骨发育不全症”，成年后，身高也仅仅长到 100 厘米。7 岁那年，他跟随家人一起看了一场钢琴音乐会，演播厅里响起的音乐声让他神魂颠倒。回家后，他要求父亲为他买一架钢琴来弹奏。

因为身材矮小，他不能像常人一样在钢琴前来去自如，而是需要别人抱着上钢琴座。为了让他方便练琴，父亲又在钢琴上安装了一个特殊的辅助器来控制踏板，使他的脚容易牵动钢琴板。

于是，他如痴如狂地一练就是 5 年。

13 岁，他第一次演出，刚走上场，他便驻足在离观众席最近的地方，静静地站了足足有 3 分钟时间。然后，他笑问：“都看够了吧？”满场都会意地笑了，他才回位，开始演奏。琴声响起时，所有人的注意力都从他的身高回到了音乐上，会场上空回荡着的美妙的钢琴声，让每个观众都深深陶醉其中。曲毕，会场上响起了雷鸣般的掌声。

演出结束后，有人说出了自己的疑问：“您为什么要在演出前静静地站了 3 分钟呢？”他笑了笑，回答说：“可能很多人对我的身材非常好奇，如果我不让大家看个够，他们的注意力会一直都在我的身上，而不在我的演奏上。看够了才能细听音乐，才能看到我灵魂的高度。”

尽管身材矮小，但是他在不断地拔高自己灵魂的高度。在演奏钢琴之余，他还成了演唱家，出了自己的唱片。16 岁，他成了美国爵士乐团的“台柱”。尽管如此，他仍不敢有一丝懈怠，每天努力练琴超过 8 小时的时间，每年的独奏音乐会都超过 180 场。渐渐地，所有人都不再对他的身材好奇了，不少人都是闭目倾听，因为人们听到的是来自灵魂深处的音乐。

卡耐基情商艺术

人生中总是存在各种各样不期而至的责难和侮辱。高情商的人不会因为这些而失掉自己的方寸，反而会用更加镇定和成熟的表现给予回击。这样的人才是人生真正的强者。

10. 美貌与才华

萧伯纳作为他那个时代的文学大师，仰慕他的人自然非常多，其中就有一位美丽动人的女演员，对萧伯纳的才华充满崇敬和偏爱。可是女演员的才学造诣实在让人不敢恭维，能够有今日的成就，完全是靠天生的美貌和强大的家族背景。

在一次宴会上，这名演员和萧伯纳不期而遇了。她非常自信，端着一杯名贵的法国红酒优雅地走到了萧伯纳的身边，用妩媚动听的声音对萧伯纳说：“以我的美貌加上你的才华，倘若生下一个孩子，将来一定会是一位非常出类拔萃的人才。”

萧伯纳听完后微微一笑，也十分有礼貌地说：“你说得非常对，但是如果这个孩子继承了我的相貌和你的谈吐会怎样呢？”萧伯纳的拒绝之意，在幽默的言语中充分体现了出来。

这位女演员当时愣了一下，明白了萧伯纳的言外之意，很失望地离开了宴会。不过，她并没有因为萧伯纳的拒绝而心生怨恨，反而觉得他是一个有趣且值得深交的人。从此，她成了萧伯纳的忠实读者，而萧伯纳也很欣赏女演员的表演，两人成了无话不谈的好朋友。

卡耐基情商艺术

拒绝他人不是不可以，但是要懂得技巧，在不伤害对方自尊心的前提下，以一种委婉的方式来表达出自己的意愿很有必要。被拒绝的人以一种优雅的姿态应对，同样是情商高的一种体现。

11. 机智的律师

英国的一位著名律师在庭审开始前，由于地板太滑，不小心倒在台上。衣服撕开了口，帽子也掉了，出现这样的情况实在是不幸，本来听众应该保持安静，给予必要的同情，可下面却爆发出一片笑声，有的人甚至在不停地起哄。这时律师很镇定地走到台中间，微笑着对听众说：“对不起各位，此时此刻我太激动了，一个是为我的当事人，一个是为大家。不过衣服破了不要紧，帽子掉了也不要紧，只要真理在心中。”

就在律师讲完话的那一刻，台下响起热烈的掌声，此时的掌声是发自内心的。人们对律师的机智感到深深的叹服。

卡耐基情商艺术

一个情商足够高的人在面对各种窘境时，总能临危不乱，控制好自己的情绪，以最明智的方式应对。

12. 林肯的朋友

林肯的一位朋友特地从俄亥俄州来拜访他，可是林肯正打算去一个军营视察。朋友远道而来，不好推托，而为士兵训话是他早已安排好的工作，必须要完成。

于是林肯请这位朋友与他一起外出，他们坐了很久的车，才到达那批士兵驻扎的军营，当他们走到士兵旁边的时候，士兵们热烈地欢呼了起来。

通常情况下，林肯的朋友应该选择避让才是，但是他没有意识到。因为事情仓促，林肯事先也没有想起要告诉他的朋友，在训话的时候必须避让。正当林肯准备开始对士兵训话时，军队的另一位军官走到林肯的朋友跟前小声提醒他这个时候应该退后。林肯的朋友听到后突然醒悟，面色显得苍白，非常尴尬。

站在一旁的林肯发现朋友的情况，对他说："你确定是你应该退后吗？可能这群士兵根本不知道我们两个谁是总统呢？"林肯的这两句话一下子就把朋友的尴尬巧妙地消除了。

林肯作为一个大国的总统，在处理一些小事时，也表现得如此风趣从容，确实值得人们学习。

卡耐基情商艺术

身边的好多尴尬情况都是不可预期的，这就需要我们平时做好功课，在应对一些问题时才能够游刃有余。

13. 第一排的女孩

20 世纪 30 年代，在英国一个不出名的小镇里，有一个叫玛格丽特的小姑娘。她父亲在她很小的时候就教育她，任何时候都要坐在前排。此后，她无论是在听课时，还是演讲时，总是坐在第一排的位置。人们都嘲笑她过于炫耀自己，她说："因为我要做首相，所以一定要坐在最前面的位置。"

40 多年以后，这个当年对人生理想孜孜以求的姑娘终于如愿以偿，成了英国乃至整个欧洲政坛上一颗耀眼的明星。她就是希斯之后的保守党领袖，并于 1979 年成为英国第一位女首相，雄踞首相宝座长达 11 年之久，被世界政坛誉为"铁娘子"的玛格丽特·撒切尔夫人。

这就是成功者所表现出来的自信。一个人的心理状态很重要，他们在潜意识里认为自己是什么样的人，就会按照自己的想法去努力，然后，他们就能成为自己潜意识里的样子。

卡耐基情商艺术

敢于坐在第一排，才会有争当第一的信心和动力，选择藏在人后的人是无法发挥自身潜能的。

14. 了不起的探险家

有一位探险家16岁的时候，在自己的作文课上写下了一篇表格式的作文——《一生的志愿》。

在这个表格上列着如下内容：去尼罗河、亚马孙河和刚果河探险；登上珠穆朗玛峰、乞力马扎罗山；驾驭大象、骆驼、鸵鸟和野马；探访马可·波罗走过的所有旅途；主演一部和非洲原始森林有关的电影；能够自己驾驶一架飞行器；读完莎士比亚和亚里士多德的所有著作；谱一首曲子，写一本自己的书；游览全世界的每一个国家；结婚生子；参观月球；等等。

他把自己的每一个愿望都标上了号，一共181个。当他把梦想庄严地写在纸上时，他就为自己建立了一个决心，要把这些梦想变成现实。

从16岁开始，他就为自己的目标努力，每一年，他都会实现自己的目标中的几个。等到45岁时，他已经完成了101个目标。

最终，他成了一名著名的探险家。

谈起自己的经历，他是这样说的："我的热情还没有褪去，因为我还有没有实现的梦想。"

明确的目标加上必胜的信念，是一个人成功的必要条件。

卡耐基情商艺术

当高情商者实现了自己的一个目标，他会继续为自己设立下一个目标，为自己再加一份决心，而他的生活就是这样在一次次的确定目标、实现目标中，一步步迈向成功。

15. 聪明的回信

弗兰西斯·克里克原本是一名兢兢业业做研究的生物学家，在取得一些成就和荣誉之后，麻烦与烦恼也随之而来。每天有大量的人来访和来信，使他应接不暇，无法保证充足的工作时间。

后来，他终于想出了一个方法，设计印制了一种“万能的复信”，信上说：“克里克博士对来函表示感谢，但十分遗憾，他不能应您的盛情邀请而给您签名；赴宴做讲演；参加会议；赠送相片；充当证人；担任主席；为您治病；为您的事业效劳；充当编辑；接受采访；阅读您的文稿；写一本书；发表广播讲话；做一次报告；接受名誉地位；在电视中露面……”对方的来信提出什么要求，他就在相应的地方做记号答复。很快，他就从难于应付的困境中解放出来了。

好多时候事情的解决并不需要多么复杂的方法，只要我们聪明应对，总能找到一条简单有效的道路。

卡耐基情商艺术

高情商的人在拒绝他人时也需要一些巧妙的方法，正面的回绝势必招致他人的反感，而富有智慧的回应总能起到事半功倍的效果。

16. 埋伏诱敌

在澳大利亚的一家法庭中，曾经处理过这样的一个案件：

一位从英国远道而来的商人，向澳大利亚的一个大型皮包公司定下了数千个各种各样的皮包。在去拿货的时候，英国商人突然发现了一个问题：这个皮包公司生产的皮包里面是用涤纶布料做的。这使英国商人非常愤怒，他认为皮包的材料就应该是皮子，而有布料，就不能称作皮包。于是他向当地的法院起诉了澳大利亚的大型皮包公司，想要对方赔偿自己的损失。

英国商人下定决心要用法律的手段解决这个问题，法官似乎也是与英国商人站在一边的。在这样严峻的情况之下，律师朗特决定帮助皮包公司。

没几天，案件就开始审理了。审理当天，朗特以律师的身份站在了法庭上，从自己的口袋中拿出来了一块金手表，问道："尊敬的法官先生，请问我手中的这块是什么表？"

法官见状回答道："这是一块金表，律师先生。但是你的这个问题似乎与这个案件没有任何的关联，请你不要故意扰乱案件审理的流程。"

朗特说："不，不，法官大人，请您听我说完。没错，我手中的的确是一块金表，这是个毋庸置疑的事实。但是请问，法官大人，这块手表的内部零件也是用金子做的吗？"

听完了律师的一席话，法官意识到了对方话语中出现的埋伏，正想开口与他辩论，朗特又接着说道："既然没有人反对金表的内部零件可以不是金子做的这个事实，那么纠缠皮包内部不是皮子做的就显得有些无理取闹了。您说呢，法官先生？"

朗特的一番话，使在场的法官与原告英国商人没有任何反驳的余地。最后，法官只好判定英国商人败诉。

如果在案件没有审理之前，朗特就与原告方的律师展开正面的辩论，专注于皮包里衬的问题，那么想要将对方说服是有难度的。然而朗特是很有智慧的，他故意将话题转移到了与这起案件有关的一个其他问题上面，先将法官说服了之后，再展开辩论，从而让对方无话可说。

卡耐基情商艺术

在面临与对手"正面对决"的时候，当对方的力量强大，不能轻易将对方说服的时候，就可以采用埋伏诱敌的方式，将对方逐渐引到圈套当中。在谈判的过程中，当双方都有一定道理。任何一方都不能轻易将对方说服的时候，谈判者不妨采用朗特的方法。在谈判开始之前，先设下一个圈套，在对方没做任何准备的情况之下，将他们引进圈套之中，最终将对方制服，赢得胜利。

第三章 03

如何运用情绪的力量，走向人生巅峰

第一节 卡耐基告诉你如何运用情绪的力量

1. 没有自信，终会一事无成

在卡耐基的情商课程中，培养自信是非常重要的训练科目之一。有很多从卡耐基的训练班走出去的人，在被问及卡耐基的课程给他们怎样的帮助时，他们的回答就是自信心的提升。

卡耐基曾经在和他的讲师谈话时说过这样一句话："你们要把卡耐基训练课程视为破除畏惧和建立自信的工具。"作为世界上顶尖级别的成功学大师，卡耐基这样说一定有他的道理。

自信是做一切事情的基础。

我们在与人交往的过程中需要自信，没有自信，就无法与人正常交流；我们在工作中需要自信，没有自信，很难高效地完成任务并与他人合作；对自身的能力我们要有自信，没有自信，我们很难相信自己可以在做事的过程中发挥自己的潜能。自信的重要程度，在日常生活中就可以体会到。

自信有时不光是提升自己的基础，有时还是延续生命的前提。拥有自信，我们才能战胜外界的困苦。

自信对我们每个人都是非常重要的。但是在现实生活中，很多人缺乏自信。

卡耐基曾经针对中国台湾地区的1400位学生做过相关的调查，在卡耐基设定的问题中，有一个是你认为自己最缺乏什么？结果，大约有70%的中学生说，自己最缺乏的东西就是自信。

曾经有一个美国纽约的商人，有一天，他在街上看到一个衣衫褴褛的卖尺子的推销员，顿时心生怜悯。于是便把1美元丢在那个推销员面前的盒子里。放完1美元之后，他准备离开，但是想了想，又走了回去。他从那位推销员的盒子里取出了一把尺子，并对那个推销员说：“其实你和我没有什么不同，我们经营的都是商品，唯一的不同是你经营的是尺子，而我不是。”

说完这句话之后，他就离开了。就这样过去了几个月的时间，在一个社交场合中，一个穿戴非常整齐的推销员走到这位纽约的商人面前，开始了自我介绍：“你可能不记得我了，但是我会永远记得你，是你让我重新捡回了自信和自尊。在遇到你之前，我一直觉得自己和乞丐没有两样，但是那天，你用 1 美元买了我的尺子，并告诉我，我们都是商人，只是经营的商品不一样，我才意识到自己不是乞丐，而是一个尺子推销员。”

故事中的推销员一直把自己当作一个乞丐，因为他对自己没有自信。但是从纽约的商人那里，他获得了自信。有了自信，他便开始认真对待自己的工作，并在其中获得了乐趣，所以他才有可能仪表堂堂地出现在社交场合。那么我们便可以推断出，之所以他之前的事业不成功，是因为缺少自信。

树立自信要求我们有足够的勇气。但是并不是每个人天生都是有勇气的，勇气需要我们每个人在生活中反复练习。

正如卡耐基所说的：“有一件事情是可以肯定的，就是勇气是花钱也买不来的，培养出真正的勇气就像锻炼出强壮有力的手臂一样。你知道，就算你有洛克菲勒加上亨利·福特的财富，你也不能够跑到健身房去用钱买一双强壮有力的手臂。但是如果你砍柴、打沙包，就可以锻炼出强壮有力的手臂。同样的道理，如果多多运用勇气，就可以培养出更多的勇气。”

培养勇气需要我们直面自己所畏惧的事情，并参与其中。这首先需要树立这样的态度：我要战胜自己畏惧的事情。

具体来说，我们要时刻提醒自己，我们的目标是变得自信。所以每当自己缺乏勇气去做某件事情的时候，我们就要提醒自己，这个时刻就是锻炼自己的绝好机会。这样的态度就像警钟一样，时刻督促我们要有挑战的勇气。

态度是决定我们能否做成一件事的前提，但是只拥有这样的态度还不够，还需要我们在实践中培养习惯，真正参与到各种战胜畏惧的具体事件当中。当然在参与的过程中，我们可能会有失败的体验，但是只要我们反复参与，就有可能在逐渐的积累中培养出自信。

卡耐基在去世前的几年曾经在公开场合说："如果我有什么东西可以传给儿女们，我希望是自信和勇气，而不是百万元的财产。"

自信和勇气是比任何金银财富更珍贵的东西，希望我们每个人都带着自信过完一生。

2. 明确目标，才能义无反顾

很多人没有很高的智商，但也鲜有智商极低的人，大多数人的智商与才能是相似的。但是在这样条件几乎相同的情况下，有些人会成就一番卓越的事业，有一些人没有取得任何成就，一生庸庸碌碌。为什么在才能方面没有太大差别的人，却能够谱写出如此不同的人生呢？这其中蕴含着设定目标的问题。

卡耐基做过关于人生目标的调查，他的调查包括世界上不同种族、不同年龄和不同性别的人。在调查之后，他发现一个可悲的事实：在这些人中，只有 3% 的人有自己明确的人生目标，并且对自己设定的目标有非常明确的规划；而 97% 的人根本没有设定目标，他们要不就是目标不明确，要不就是有一个模糊的目标，但是并不知道如何去实现。

就这样过了十年，卡耐基就之前做过调查的人再一次进行调查统计，其中有一部分的人已经找不到了，除此之外，他发现当年没有目标的人除了年龄在增长外，在成就与生活方面并没有太大的起色，他们依旧像十年前那么平庸。与此同时，他发现当年属于 3% 的有目标的那些人，都在不同程度上取得了一定的成绩，并且正在按自己的计划前进。

通过卡耐基的这个调查研究，我们也可以发现这样一个事实：平庸的人和取得成就的人的区别或许不在于智商、机遇等外在条件，而在于他们是否给自己的人生设定了目标，是否在按照自己的目标努力。

设定目标意味着什么？为什么是否设定目标会把我们本来相似的人生变得不同呢？

为人生设定目标的人，一定是那些有追求的人。他们知道自己的兴趣所在，知道自己的能力是什么，他们更知道人的一生只有一次。在这种情况下，他们给自己设定目标是一件非常郑重的事情。设定目标于他们而言，就像一个航行的人知道了自己的目的地在哪里，并且为了抵达目的地制定了一套具体的航行方案。今后的日子里，在没有抵达目的地之前，所做的事情就是为自己的航程添砖加瓦，然后一步步去靠近自己的目的地。

我们大可试想自己就是那个有明确目的地并为之努力的人，这样的人即使在前进的路上遇上众多艰难险阻，也会用坚强的意志去与之抗衡。因为他们知道方向是对的，战胜这些阻碍就是与自己的梦想更近一步，就能更加自信、更加平静地去面对任何荆棘。

当然，设定目标的方式因人而异。有些人习惯于在人生最初的阶段为自己设定一个宏伟的目标，也有些人会在人生的不同阶段给自己设定不同的目标，两者没有高下之分，只有合适与不合适。只要我们自己觉得适合，并在完成目标的过程中有明显的进步，就是正确的设定目标的方式。

我们在生活中常常遇见那种明明很努力，却一无所成的人。古人告诉我们努力的重要性，如“业精于勤荒于嬉”这样的名言警句。我们无法否认努力的重要性，但是只有在树立目标之后，一切的努力才有意义。

我们每个人的精力都是有限的，不可能对所有的事情都付出努力。当我们设定好人生的目标之后，就会知道哪些事情是需要我们努力去做的，哪些事情是不需要我们去努力或是说不需要我们花费太多时间去努力的。

当我们不顾一切，对所有的事情都投入百分之百的努力时，我们不应该被自己的努力感动，而应该认真地思考自己的目标是明确的吗？自己的努力对实现目标是有用的吗？如果回答是肯定的，我们的努力才是真的落到了实处。

成功学大师卡耐基说过：“不甘平庸的人必须有一个明确的目标，才能调动自己的智慧和精力。”我们相信，每一个在人世间活着的人都不希望自己是平庸的，那么就应该给自己设定一个清晰的目标，在设定目标之后我们一切的努力才有意义。

3. 不依附于他人，善做行动派

我们在什么时候会异常主动？在无比热爱某件事情的时候我们会主动，只有在这种时候，我们内心才会产生出无限的想要试试的冲动。因为主动源于内在动机，内在动机会驱使我们勇往直前，这时我们的行动才是毫不退缩的。我们每个人在生活中都追求成功，但是我们更清楚地知道，世界上只有少数人才能成功，那些成功的人一定是主动追求自己梦想的人。主动去做是一种高情商的体现，敢于主动的人一定是那些不甘平庸的人，只有这样的人才有可能拥抱成功。

古人曾经教导我们："君子讷于言而敏于行。"在成功这条道路上，说再多的话但不去行动，等于白说。我们可以是不爱表达的人，但是我们在行动上要做一个巨人，正如清华大学国学研究院四大导师之一的王国维所说："人家说了再做，我是做了再说，人家说了也不做，我是做了也不说。"善于做行动派，要求我们有务实的精神，而不是空想的理论；我们要知道自己的目标与梦想，然后马不停蹄地去努力奋斗。

我们每个人都是自己人生的主人，所以我们取得的一点一滴的成就都应该是我们努力的结果。不要期待他人的帮助，自己的路要自己去走。

但是我们也知道，每个人都有惰性，做事都会有犹豫的时候。在舒适区待得太久，我们就有可能产生这种犹豫；但是如果不走出自己的舒适区，我们就有可能一生一事无成。与其躺在舒适中心，不如身体力行地去行动。

三个旅行者徒步穿越喜马拉雅山，一路上他们谈论的都是关于人生的问题。他们谈得过于投入，没有意识到天已经很晚了，直到肚子咕咕叫的时候，才发现只剩下一块面包可以充饥。

这三个人没有决定谁去吃这块面包，而是将这个问题交给了老天。

这天晚上，他们在祈祷中入睡，希望老天能给他们一个启示，指示他们谁能吃这个面包。

第二天，三个人坐在一起聊起了天。

第一个旅行者说：“我做了一个梦，梦见我去了一个从来没有去过的地方，享受着从来没有享受过的平静与和谐，那里仿佛是一个人间乐园。在这个乐园当中，有一个人对我说：‘我选择让你吃掉那块面包，因为你从来不追求快乐，总是否认所有的一切。我很欣赏你这个观点，所以我选择了你。’”

“真奇怪，我和你做了相似的梦。”第二个旅行者说，“我梦见了自己神圣的过去和光辉的未来，当我等待着这美好的未来到来的时候，一个智者出现在了我的面前，对我说：‘你更需要这块面包，你是一个领导者，需要更多的力量和能量。’”

两个人说完之后，都将目光转向了第三个旅行者，第三个旅行者非常淡定地说：“在我的梦里，我没有去任何地方，没有看到任何东西，也没有智者的指示。但是，当我晚上饿醒的时候，我就起来吃掉了这块面包。”

其他两位旅行者听完之后非常生气，他们说：“你在做出这个决定的时候，为什么不把我们叫醒呢？”

第三个旅行者说：“我怎么叫醒你们呢，你们一个去了那么远的地方，一个憧憬着美好的未来，你们都和智者进行了对话，而我想的是采取行动的重要性。对我而言，老天的行动实在是很快，在我饿死之前就叫醒我了。”

三个旅行者的故事告诉我们，做任何事情的时候都不要想太多，当你在想这些的时候，不是饿死了，就是被别人捷足先登了。

我们追求梦想或是去做其他的事情也是一样的道理。想好就去做，明确目标然后勇敢去做，只有这样才能达到目的。

我们会发现，世界上的成功人士大多是那些主动投身于事业的人，他们不会空想，更不会给自己找任何的借口或是理由去拒绝做事。

卡耐基也说过：“主动是一种意识，是一种状态，也是一种人生态度。它是一种战略思想，更是一种成功的哲学。”

成功的人在成功之前都是普通人。所以，对我们而言，这些行为上的法则是值得借鉴的。在刚开始去行动的时候，我们不要去幻想行动能带给我们什么，只有心无旁骛地去做，我们才能慢慢地从中得到回馈。等到时机成熟的时候，我们之前所有的行动都会变现给我们，成功会在不远处等着我们。

如果我们不去行动，只是犹豫不前，或是等着天上掉馅饼的话，所有的成就会离我们越来越远。正如卡耐基所说的："成功的关键在于人们是否能领会成功的原则——主动。"主动是成功的原则与前提，这一点我们应该谨记。

4. 不做温室里的花朵，直面困难生活

温室里的花朵娇艳而美丽，但经不起风风雨雨。生活并不是平坦顺利的，它充满着各种各样的坎坷，如果以一个温室花朵的身份去应对生活中的困难，失败颓废就会变成必然结果。

我们在生活中可以有很多选择，但是不要选择做一个温室的花朵，因为暂时的安逸只会消磨我们的斗志，局限我们的视野，阻碍我们的成长，后患无穷。

而从一开始就直面困难的生活，一个人的心态就会不一样。经过磨砺的心灵会更加有韧性，抵御冲击的能力会增强，生活态度也会更加积极。因为只有见过了足够多的风雨变换，才能做到宠辱不惊。

情绪是会随着外部环境的变化而产生波动的，这是人之常情。但不同的人所产生的波动程度会有差别，其决定因素就是一个人的历练程度。一个包裹在和顺环境下的人，一旦脱离了理想状态，其对外部环境变动的反应，往往十分强烈。一个在风雨中走过无数路的人，即使环境有再大的波动，他都会以平常心去看待，因为许多困难他都亲身经历过、克服过，凭之前积累的经验，都能很好地应对。

卡耐基曾经说，不要试图在温室中养出一朵健康的花，那样的花是无法在风雨中生存下去的。

乔治的家世显赫，从他一出生就开始过着养尊处优的生活。父母努力为他营造一个完美无瑕的环境，不让他受到一点挫折。他上最好的学校，住最贵的房子，一切要求都会得到最大限度的满足。一帆风顺的乔治毕业之后，直接被安排到家族企业里的一个部门当经理。初入职的乔治信心满满，认

为自己毕业于著名的商学院，眼前的这些管理工作对自己来说应该是易如反掌的。

但在工作的第一天，他就感到了不适应，工作的实际操作比课堂上自己浅尝辄止听来的要复杂得多，几个小时的会议对他来讲就是一种煎熬。在接下来的日子中，接连出现的业务上的问题把他搞得焦头烂额。这时，乔治想到的是放弃，因为他实在无法承受这样的压力。

于是，在进入公司没几天，对公司还没有完全熟悉之前，乔治就离开了公司。

忍受不了压力的乔治让父母非常失望，也彻底打消了让乔治继承家族企业的想法。

直面困难生活的勇气并非与生俱来，它是在后天的自我成长中逐渐养成的，其首要前提就是走出舒适的温室，让自己暴露在外面的空气中。如果当初比尔·盖茨不从哈佛辍学，就不会有后来微软的快速崛起；如果马云不放弃稳定的教师工作去创业，就不会有阿里巴巴的光辉业绩。

伟大的发明家诺贝尔一生都与惨祸同行。他 30 多岁时，眼睁睁地看着自己的实验工厂被炸为平地。不仅如此，在那次事故中，他失去了弟弟。悲痛过后，他又重新建立了自己的工厂；面对死亡的危险，他并没有却步。即使不被周围的人理解，甚至被孤立，他都坚持自己的事业。

而那些骇人听闻的消息，让人们对他望而生畏，把他当作不祥的灾星。但诺贝尔没有因为遭遇了各种各样的困难就选择放弃或选择以一种舒适的方式生活，而是直面自己的生活，不断激发潜能，承受着种种风雨。就是凭借着这种毅力，他最终征服了炸药。他的一生获得了巨大的成功，350 多项发明专利就是很好的证明。人人都希望自己一生的道路是平坦而没有一点坎坷的，但这样的人生是平淡的、孱弱的，甚至无法逾越一些沟壑，可能中途夭折。温室的花朵散发不了太久的芬芳，温室倒下的那一刻，花朵也就随之衰败。风雨吹打过的花朵才能保持鲜艳美丽。

5. 能够承受挫折，做生活中的“小强”

“所谓情商，主要是指人在情绪、意志、耐受挫折等方面的品质。”从情商的定义中我们不难发现，承受挫折的能力是其中非常重要的一项。承受挫折为什么如此重要？因为在我们的生活中，无论从事什么工作，在完成的过程中必然会面对各种各样的困难，这些困难就是我们成功路上的“拦路虎”。

但是每个人在面对挫折时的情绪是不一样的。有些人会因为挫折而沮丧，甚至在之后的日子里一蹶不振；有些人却能把挫折当成人生路上必不可少的垫脚石。所以，正如事情都有两面性一样，我们在面对挫折的时候可以采取消极悲观的态度，也可以采取积极乐观的态度。一旦我们把挫折看作成功路上的助推剂，我们距离成功就不再遥远。

我们大可以在挫折中寻求乐趣，这是把挫折看得云淡风轻的做法。在历史的长河中，已经有无数的人为我们做出了榜样。

19 世纪法国著名科幻小说家儒勒·凡尔纳创作出了第一部作品《气球上的五星期》，他一连投了 15 家出版社，均被拒绝，当他第 16 次投稿的时候，终于被一家出版社接受了，他因此成了著名的作家。美国作家杰克·伦敦也有同样的境遇，在他刚开始投稿的时候，没有一家出版社愿意发表他的作品，在这个过程中，他因为经济的原因不得不去干苦力以维持基本的生活。后来他的作品《北方故事》终于被一家报刊看中并发表，之后便一举成名。丹麦著名童话大师安徒生的处女作刚刚问世的时候，因为他是一个鞋匠的儿子，作品遭到周围人的诟病。但是他丝毫没有气馁，一直坚持创作，终于成为一位享誉全球的童话创作大师。

总之，面对挫折时我们可以有千万种心态，但是可以引导我们走向成功或是避免我们在挫折中受到伤害的方式，就是不再把挫折当成人生路上的“拦路虎”，而是把挫折当成宝贵的财富。我们每个人在走向成功的道路上必然会付出很多汗水，我们要学会与挫折相处，从挫折中吸取教训，让挫折成就我们的梦想。

面对挫折我们万不可自怨自艾，从而把承受挫折看成命运对自己的不公。我们会发现，那些一生碌碌无为的人，都是把自己的不成功归咎于命运的不公或是时运不好等外界因素的人，他们从不思考是不是自己面对挫折的态度不对，才导致了最终的失败。面对挫折，我们应该理智分析暂时失败的原因，然后在反省中使自己更强大。

作为成功学鼻祖的卡耐基曾经说过："'挫折'是大自然的计划，它经由这些'挫折'来考验人类，使他们能够获得充分的准备，以便进行他们的工作；'挫折'是大自然对人类的严格考验，它借此烧掉人们心中的残渣，使人类这块'金属'因此变得纯净。"

卡耐基也经受过一段非常苦恼的时期，在这一时期，他因为挫折而辗转反侧，但是凭借自己超高的情商，卡耐基意识到焦虑并不能解决任何问题，于是他想出了一套理论去解决问题，这套理论适用于所有的人，共有以下三个步骤。

第一步：不带有任何恐惧情绪地去分析自己目前的状况，想想万一失败之后最坏的结果是什么。

第二步：知道了最坏的结果之后，我们在内心中就做好了准备去接受这样一个结果。

第三步：之后的时间内，我们要用时间和精力来改善面对最坏情况的心态。

所以，当我们面对生活中的挫折时，不妨用卡耐基的方法去缓解自己的情绪，这样能让我们更勇敢地面对挫折。

第二节　成功运用情绪的案例

1. 布莱叶的进取

布莱叶的童年很不幸，3 岁失明，这对一个孩子来讲未免太过残酷。

然而，命运的打击反而成就了他。布莱叶 10 岁进入巴黎皇家盲童学校学习，经过不懈的努力，很快成为其中的佼佼者。

在这个过程中，布莱叶发现一个问题：课本上的凸印字母，用手触摸时不易分辨，因此盲人学习新知识的速度很慢，可读的书也很少。12 岁时，布莱叶听说了一种“夜字”，那是在军队中用铁笔在厚纸板上凿的特定凸点，士兵们夜间摸了，便知道传达的命令是什么。

布莱叶请人把“夜字”找来仔细琢磨，很快他发现“夜字”只能表达简短的字句，但比字母更易识别。他决心改进“夜字”，找到能让盲人阅读、写字的方法。从此，布莱叶常常手里拿着铁笔，往厚纸板上凿点。可是一年过去了，他的研究仍没有结果。后来他想，为何不将点与字母相联系呢？布莱叶找到了窍门，就更努力地研究。最后，以六个点为一组，终于发明了盲文字母表。有了这套字母表，认字就又快又容易了。从此，盲人也能写字、记日记、读有趣的书了。

布莱叶身残志坚，经过长期不懈的努力，终于发明了简单又通用的盲文，成为盲人的“光明使者”。作为健康的人，我们更应该学习布莱叶的精神，坚强、自信地面对挑战。

卡耐基情商艺术

高情商者的进取心是永远不会被打消的，他们即使深陷困厄，也不忘勇敢前行。

2. 放下自卑

艾米是一个安静普通的女孩，个性十分低调。班里的任何活动从来都没有她的影子，她仿佛是一个被众人遗忘的人。艾米也很苦恼，她也想过去上台表演，可是看到底下坐的黑压压的人群，她就放弃了这种想法。就这样，她安静而自卑地度过了学生时代。

入职之后，艾米工作的公司有一个很出色的经理，她是一个年纪有点大的妇女。她每天都很开心地处理各种工作事务，与不同的人交流。艾米很羡慕她，于是向她讨教方法，这位女经理看了看艾米，只在纸上写下两个字：“自卑”，并且用红笔在上面画了一个很大的叉。

艾米好像突然间明白了，忘记自卑，远离自卑，就足够了。从此，艾米就像变了一个人，热心于与同事以及客户之间的交际，大胆地展示自己，激发了被隐藏已久的工作潜能，各项工作都完成得很出色。

很快，艾米就得到了上级的认可。几个月之后，艾米接替了退休的女经理的位置。

卡耐基情商艺术

高情商者不但不会因为自卑而消沉，一蹶不振，反而会拿出加倍积极乐观的精神去面对、去改变。别人也不会迁就你，你只能靠自己。

3. 苦中作乐

古希腊的大哲学家苏格拉底年轻的时候，生活很窘迫，他和几个朋友一起住在一间只有七八平方米的小屋里，很是不方便。即便如此，苏格拉底一天到晚总是乐呵呵的。有人问他：“那么多人挤在一起，连转个身都困难，有什么可乐的？”

苏格拉底说：“朋友们住在一起，可以随时交流感情，而且还能在思想上碰撞出火花，这不是一件值得高兴的事情吗？”

过了一段时间，朋友们相继结婚，都搬了出去。就只剩下了苏格拉底一个人住在这个房间里，但他每天仍然很快活。

这时又有人问了：“你自己一个人不是很孤独吗？”

苏格拉底说：“我这里有很多书，每一本书就是一个老师。和这么多老师在一起，可以随时向他们请教问题，是多么令人高兴的一件事情啊！”

几年后，苏格拉底结婚了，居住环境非常差，经常有污水、死老鼠、破鞋子和垃圾。苏格拉底并没有因此恼怒，仍然每天乐呵呵的。

又有人好奇地问：“你住在这样的房子里，怎么还能开心得起来呢？”

苏格拉底说："住在这里有很多好处，朋友来访的时候，可以很容易就找到，不用挨家挨户地敲门寻找，最重要的是，在空地上，我可以种上花和蔬菜，真是其乐无穷啊。"

卡耐基情商艺术

柏拉图说："决定一个人心情的，不是环境，而是心境。"高情商的人在苦难中看到的希望要比常人多得多，他们总是调整自己的心态，积极地面对生活。即使生活不易，他们也懂得苦中作乐。

4. 永不放弃

肯德基的创始人哈兰·山德士曾经是一位十分受人尊重的上校。因为战争他破产了，从受人尊敬的富翁变成了不名一文的穷人。破产之后的他已经66岁，只能依靠救济金艰难度日。而就是在这样的情况下，让人意想不到的是，他重新开启了自己的炸鸡事业。破产之后的山德士并不想就这样度过自己的余生，于是再一次勇敢地迎接挑战，在年近古稀之时奇迹般地创造了世界著名的快餐连锁店——肯德基。

在创业的过程中，山德士也是经历了种种的困难和波折。在最初创业的时候，他决定卖掉制作炸鸡的方法，于是他带着珍藏的炸鸡秘方去了全国各地的餐厅。在此期间，他遭到了很多餐厅的拒绝。这样的情况持续了两年多的时间，山德士每天的饭菜是早已凉掉的用来宣传的鸡块。每天晚上都是在车站度过的。

虽然他遭遇了很多餐厅的拒绝，但是山德士从来没有放弃过。在他的坚持下，终于卖掉了炸鸡的秘方，之后便有了火遍全世界的肯德基，山德士获得了巨大的成功。

卡耐基情商艺术

在高情商者的眼里，失败并不可怕，可怕的是失败后的软弱与退缩。只有选择永不放弃，才有可能苦尽甘来，把失败的阴霾驱散。

5. 海伦・凯勒的故事

美国女作家、教育家海伦・凯勒在1岁半时因病丧失了视力和听力，这对一般人来说是不可想象、不可忍受的痛苦。然而，海伦并没有向命运屈服。在老师的帮助下，她凭坚强的毅力战胜了病残，学会了讲话和用手指“听话”，并掌握了五种文字。

24岁时，她以优异的成绩顺利毕业于著名的哈佛大学拉德克利夫女子学院。毕业之后，她把毕生的精力投入为世界聋哑人和盲人谋利益的事业中，受到许多国家政府、人民的赞誉和嘉奖。

1959年，联合国曾发起“海伦・凯勒”运动，她的自传作品《我生活的故事》成为英语文学的经典作品，被翻译成多种文字广泛发行。

卡耐基情商艺术

高情商的人并不会过分在意自己失去了什么，那些本来就不是自己所能决定的。他们在一般人还在咀嚼痛苦时，就已经在靠并不优越的条件去战胜痛苦了。

6. 不一般的清洁工

22岁的布鲁姆慕名来到剑桥市，希望在这里站稳脚，便去应聘教师这个职业。可是他的求职之路并不顺利，接连被几所学校拒绝，他开始怀疑自己的能力。

生活的压力让他不得不做出妥协。布鲁姆获得一个招聘信息，剑桥市政府要招一批清洁工，任务就是打扫大街，保持城市的洁净，给游客留一个好印象。他犹豫了许久，最终还是报名了。

虽然理想与现实的差距巨大，但他不得不这样做。面试很顺利，他被录用了。他的工作就是推着垃圾车捡行人丢下的垃圾。起初他不太适应，不过没多久，他就喜欢上了自己所从事的职业，不再觉得这个职业卑微，反而觉得很光荣。能为剑桥这个美丽的城市奉献自己的辛劳，他认为很荣耀。

清扫间隙，他常常听街边的一些老人闲聊，聊城市的历史以及许多秘闻。剑桥是一座古老的城市，学术气息浓厚，历史名人众多，随着历史的沉积，许多东西已经很少有人知道了，而这些正是游客迫切想知道的。耳濡目染，他对剑桥的了解越来越多了。

一次偶然的机会，有几个游客向他问路，他不仅给游客指引了道路，还讲解了这条路的由来和历史渊源。没想到他的介绍把游客迷住了，于是让他当导游。由于他本身口才不错，又有文化基础，所以讲解起来绘声绘色，给人留下了深刻印象，以至于后来许多人来剑桥旅游，指名道姓让他来做导游。而他不负众望，每次都能让游客满意而归。

布鲁姆对剑桥的热爱和理解，对其文化精髓的吸收和运用，使他名气大增，备受尊重，尽管他的身份只是一个清洁工。

卡耐基情商艺术

在高情商的人眼里，职位没有高低，任何职业经过自己不懈的努力，都能做出不一样的成绩。即使身处一个不太理想的境地，他们还是会督促自己在这一领域做到最好。

7. 母亲的鼓励

巴雷尼小时候生了一场大病，因此落下了残疾。他的母亲十分的心痛，但是想到孩子此刻最需要的是鼓励和帮助，而不是母亲的眼泪，于是他的母亲强忍着泪水，微笑着对躺在病床上的巴雷尼说：“孩子，妈妈相信你是一个有勇气的人，你能够勇敢地面对接下来的生活，我的孩子肯定不是一个面对困难就退缩的懦夫，加油，孩子。”

为了让巴雷尼坚强起来，她不遗余力地陪着他练习走路，做体操，每次都累得满头大汗，仍然咬牙坚持。即使是得了重感冒，她仍然按计划帮助巴雷尼练习，汗珠不断地从她的脸上流下来，她用毛巾擦干净，咬着牙坚持帮巴雷尼完成每天的锻炼计划。

母亲的行为深深打动了巴雷尼，他慢慢接受了残疾的事实，慢慢变得坚强了起来。他刻苦学习，最终以优异的成绩考入维也纳大学医学院。

毕业之后，巴雷尼将全部的精力都放在了耳科神经学的研究上，取得了不凡的成就。最终，巴雷尼登上了诺贝尔生理学或医学的领奖台。

卡耐基情商艺术

面对他人的困境，一个高情商的人总会选择鼓励。因为鼓励给人的力量是巨大的，它能让一个人不屈服于眼前的困境，取得一番成就。

8. 扼住命运的咽喉

伟大的音乐天才贝多芬出身于德国波恩的平民家庭，他很小的时候就显露出了在音乐上的才华，8岁就开始登台演出。1972年，贝多芬到维也纳深造，取得了不俗的成绩。

因为贝多芬信仰共和制，崇尚英雄，因此他的很多作品都充满了时代气息，如交响曲《英雄》《命运》；序曲《艾格蒙特》；钢琴奏鸣曲《悲怆》《月光》《暴风雨》《热情》；等等。贝多芬在音乐上取得了巨大的成就，他的一生却是十分坎坷的。

贝多芬从26岁开始耳聋，到晚年时全聋，只能通过谈话册与人交谈。因为身体上的残疾，他一生都没有组建家庭，一个人过着孤独寂寞的生活。

孤寂的生活并没有让他停止创作，他仍然在音乐的道路上不停地前行，为音乐的发展做出了突出的贡献。贝多芬的作品受18世纪启蒙运动和德国狂飙突进运动的影响，个性鲜明，在先人的基础上有了很大的发展。

在音乐表现上，他几乎涉及了当时所有的音乐体裁，使得钢琴的表现力得到了大大的提高，又使交响曲成为直接反映社会变革的重要音乐形式。

贝多芬集古典音乐的大成，开辟了浪漫时期音乐的道路，对世界音乐的发展有着举足轻重的作用，被尊称为“乐圣”。

卡耐基情商艺术

高情商的人懂得扼住命运的咽喉，命运的不公并不能把他们打倒。选择抗争，就是选择重生。倘若屈服，那么你离消沉颓废就不远了。

9. 享受孤独

米开朗琪罗的艺术成就是令世人叹服的，他一生都与艺术结伴。不得不说，选择艺术就意味着选择了孤独，因为当一个人沉浸在艺术海洋中时，他与世界的联系就被割裂开了。

米开朗琪罗很小就离开家，13 岁时跟随基兰达约学画一年，后师从贝托多学习雕塑一年。他的艺术创作深受人文主义思想和萨伏那洛拉宗教改革运动的影响，以现实主义方法和浪漫主义的幻想，表现了当时市民阶层的爱国主义和为自己而斗争的精神面貌。他在艺术上具有坚强的毅力和雄伟的气魄。

米开朗琪罗中年时期的作品雕像《大卫》，被认为象征着为正义事业而奋斗的力量。他还在西斯廷教堂的天花板上连续工作四年，独立完成了《创世纪》的巨型天顶画。他晚年所做的美第奇陵墓雕像《晨》《幕》《昼》《夜》具有冷静而沉郁的悲剧性质，显示出人物心情的激动与意志的矛盾，反映了当时意大利人民失去自由和独立的精神状态。

他的其他重要作品还有壁画《最后的审判》、雕塑《摩西》及《奴隶》等。这些伟大的成就都是建立在他不畏孤独的基础上。他把自身奉献给艺术，慢慢学会享受孤独。

卡耐基情商艺术

孤独是每一个想要成功的人的必修课。一个人在前进的路上必须面对孤独。在孤独中磨砺自己的心性，保持乐观清醒，人生才有可能出现转机。

10. 手握自信

一位初出茅庐的歌手马上就要登台演唱了，紧张的情绪让她有些不知所措。一想到台下成百上千观众的目光全都聚焦在自己一个人身上，她的手心就不由自主地冒汗："要是在舞台上一紧张，忘了歌词怎么办？"越想，她心跳得越快，甚至产生了打退堂鼓的念头。

这时，一位前辈笑着走过来，将一个纸条塞到了她的手里，轻声对她说："不要紧张，当你忘词的时候打开看看，上面有你要唱的歌词。"

这位歌手握着纸条，犹如抓到了一棵救命稻草，她的心里踏实了很多，在台上出色地完成了演出，没有出现任何失误。

表演结束之后，她走下台向那位前辈致谢，前辈却笑着说："其实那张纸条上什么都没有写，你不过是重新找回了自信，战胜了自己而已。"

歌手展开纸条，果然上面什么都没写，她吃惊地望着前辈。

前辈笑着说："其实，你握着的不是一张空白纸条，而是你的自信。"

卡耐基情商艺术

高情商的人都有一个共同的特点，就是时刻保持自信。自信让他们在各种挑战面前首先想到的不是退缩，而是从容。

第四章 04

如何体察他人情绪，不做交际小白

第一节 卡耐基告诉你如何体察他人情绪

1. 善于倾听，才能为诉说打下基础

卡耐基先生总结自己多年来与人沟通的经验时，得出这样一个结论：倾听在沟通过程中举足轻重。

在我们的现实生活中，与他人进行沟通是必不可少的。但是有些时候，仅会沟通是远远不够的，在沟通的过程中也要学会倾听。倾听是我们与人进行沟通的时候应该具备的最基本的技巧。很多人或许认为，沟通就是靠“说”，只要“说”得有技巧，就可以提升自己的高度和魅力，但其实并不尽然，倾听与说有着相同的魅力。

在沟通的过程中，倾听别人讲话是对他人一种最基本的尊重。在他人讲话的过程中，我们应该耐心地做一名倾听者，这样才能让对方完整地把自己的意思表达出来，激发对方的表达欲望。因为当一个人面对一个话题可以滔滔不绝地表达自己的观点时，才是状态最好的时候。而作为一名旁观者，只有我们认真倾听对方表达出来的每一句话，才能够正确地理解对方所要表达的意思，这样我们才能更好地与对方进行沟通。

由此可见，善于倾听是非常重要的。倾听可以让我们掌握正确的信息。在我们的日常生活和工作中，每天都会遇到形形色色的人。每个人表达信息的能力是不相同的，或许有的人喜欢将自己的想法在第一时间正面地表达出来，而有的人却过了很久之后都没有说到正点上。比如，在工作中，有的客人向我们提出各种各样的关于公司的问题，故意想要为难我们，表达对公司的不满。在这样的情况下，想要尽快地解决问题，只有一条路，那就是倾听。因为我们只有在听的过程中才能收集到准确的信息，才能想出更好的解决问题的方法。

1965年，日本的松下电器因为当时所处的市场环境不佳，整个松下电器的代理店以及销售行受到非常严重的损失。

处于这样的一种环境之下，松下电器想要改变眼前的局面，于是他们开始认认真真地将整个销售体制检查了一遍。但是没能想到的是，这样一来，引起了很多人的不满。

于是创始人松下幸之助召集了1200家销售行的所有负责人开商讨会。为了听清楚那些反对者的想法，更容易与他们进行沟通，在会议刚开始的时候，松下幸之助就表示："我们今天召开这个商讨会，是想征求一下大家对销售体制改革的看法与建议。请大家说出自己的真实想法。"说完之后，松下幸之助就让那些持有反对意见的销售负责人逐一发表自己的看法。在他们纷纷发表意见的同时，他只是认真地在一边安静地听。等到在座的所有人都发完言之后，他才向大家解释和说明销售体制改革的目的。然而令人惊奇的是，这一次，那些销售行的负责人没有一个站出来反对他，大家都同意推行新的改革方案。

这次松下幸之助之所以能得到大家的支持，是因为注重"倾听"。在会议中，通过"倾听"，松下幸之助有机会表达他们的理解，这样才能让那些反对者的不满得以消除，同时赢得了反对者的理解与支持。

卡耐基先生表示，在沟通的各项技能中，最重要的莫过于倾听的能力。往往滔滔不绝的雄辩能力以及察言观色等能力没有一项可以超越倾听的重要性。

或许我们在忙碌的生活中，大多数时候忽略了倾听的重要性。在与人沟通的时候，很多人是不够专心的，一边听着别人讲话，一边在心里计划着自己的事情，这样一来，就会错过很多对方想要向我们表达的重点。

倾听是沟通技巧中最为重要的因素，也是不容忽视的一个环节。因为只有先倾听，才能为之后的诉说打下基础。

阿那克西米尼是古希腊哲学家。他一向德高望重，直到晚年还拥有上千名学生。一天，他抱着一摞厚厚的纸缓慢地走进了教室，对自己的学生说：

“这堂课你们大可不做笔记，只要是今天在课上认真学习的人，下课后我会送给他一份笔记。你们一定要仔细听，这堂课很有意义！”

学生们听到之后，全都放下了笔，开始认真听讲。但没过多久就已经有人坚持不住了——反正老师会发笔记给我们，那么不听也无妨？于是在私底下开始做小动作。快下课的时候，这些学生认为在课上并没有听到什么重要的东西，于是开始有了这样的想法：这是一节很一般的课，价值在哪里呢？

下课的铃声响了，阿那克西米尼将那摞白纸逐一发给了他们。领到纸之后，学生们都大喊了起来：“为什么是空白的？”阿那克西米尼笑着对他们说道：“是的，我是说要发给你们笔记，但我同样说了你们要认真听讲。假如刚才你们真的认真听了，那么请将刚才你们听到的东西都写在纸上，这就是我送你们的笔记。对那些没有听课的同学，我只能送白纸了。”

此刻学生们都安静了下来。有的人后悔，有的人开始写笔记。其中有一位学生几乎一字不落地写下了老师所讲的全部内容，他就是日后成为古希腊著名哲学家的毕达哥拉斯。阿那克西米尼满意地把毕达哥拉斯的笔记贴在黑板上，大声说：“现在，谁还怀疑这堂课的价值呢？”

阿那克西米尼曾经说过：“倾听是最大的财富。”

由这个故事可以看出，倾听对于成功的重要性。同样，在与人沟通的时候，只有善于倾听别人的想法，才能赢得理解与同情，才能更好地诉说自己的想法，从而取得成功。这对我们来说，就是一笔非常宝贵的财富。那些不善于倾听的人，就是在拒绝成功，拒绝财富。因此，在任何时候，听都要比说重要得多，会听才会赢。

2. 观察眼睛，读懂一个人

在我们进行人际交往的过程中，目光中所表现出来的无声的情感语言非常重要。很多时候，它可以传达出人们对于人或物非常细微的信息。这种信息是手势和语言都表达不出来的。事实上，情感丰富的人和内心世界比较丰富的人的眼睛都非常动人。

因此，在很多时候，我们通过观察一个人的眼睛就可以读懂这个人所要表达的东西。同样，我们在与人交流的时候，看着对方的眼睛也表示对对方的一种尊重，让对方有被重视的感觉。

卡耐基先生曾指出，人与人之间眼神的交流在人际交往的过程中是非常重要的。因此，在人际交往中，我们通常可以通过去观察一个人的眼睛，读懂这个人真实的内心世界是怎样的。

杰克夫妇要去法国巴黎谈一笔很重要的生意，他们的飞机中途需要转乘，但是因为出现了一些小问题耽误了很多时间，眼看离要转乘的飞机起飞的时间越来越近了。

他们快要到飞往巴黎的航班的登机口时，开始从快走变成了小跑。

这时候飞机还没有起飞，但是登机通道早已经关闭了。登机口的工作人员正在认真整理所有乘客的票根。他们放眼望去，连登机桥都已经收起了，这次生意对他们来说非常重要，要是他们错过了这一航班，就不能在约定的时间到达谈判现场，就会错失一次非常重要的机遇。

“请等一下，我们还没有登机呢，拜托了！”杰克先生喘着气大声叫道。

“先生、女士，实在抱歉，我们已经在做起飞工作了。”登机口的工作人员说道，“登机时间已经过了，你们不能再上去了。”

“可我们的上一航班遇到了天气问题，10 分钟前刚刚到达。他们告诉我们会通知登机口的。”

“实在抱歉，先生，我们有规定，登机口一旦关闭，任何人都不能再登机了。”

这个时候飞机引擎嗡嗡的轰鸣声越来越大，一个工作人员拿着一根闪亮的指挥棒不慌不忙地站在飞机场的跑道上。

这时候，杰克先生思考了一会儿，领着自己的太太来到玻璃窗正中间的位置，这个位置正对着飞机驾驶员的机舱。他们站在那儿，全神贯注地注视着驾驶员，想用眼神引起他们的注意。

过了一会儿，一名飞机驾驶员抬起了头看到了他们，看到杰克夫妇急切地站在玻璃窗前。驾驶员直视着他们的眼睛，仿佛看出了他们眼里的悲伤和哀求。

那一刻，仿佛时间静止了。最后，那名驾驶员对着旁边的驾驶员说了些什么，另一名驾驶员也抬起头望向杰克夫妇。他发现杰克夫妇紧盯着他的眼睛，于是冲他们点了点头。

飞机引擎嗡嗡的轰鸣声一下子就变小了，这时候登机口工作人员的电话响了。一位工作人员转向了杰克夫妇，眼睛瞪得大大的，说道："快点拿上你们的行李！飞机驾驶员让你们立刻登机！"

杰克夫妇非常开心，向那两名飞机驾驶员招招手，就匆匆地上了飞机。

杰克夫妇之所以如愿以偿地赶上了这个航班，源于驾驶员观察到了他们眼神背后的含义。其实这就是飞机驾驶员与他们通过眼神进行"谈判"的过程。在这个过程中，杰克夫妇即使没有说出一句他们想上飞机的话，但是飞机驾驶员却通过观察他们那两道深邃的目光，从眼神背后读出了"这个航班对我们非常重要，我们要上飞机"这个重要信息。于是驾驶员对他们产生了同情，帮助他们顺利登机。

由此可见，观察一个人的眼神是非常重要的，在有些时候，有可能只是因为你多看了一眼别人的眼神，就能瞬间明白对方内心的想法是什么，于是做出相应的能帮助他们的对策。

眼睛是心灵的窗口，眼神就是我们心灵沟通的工具。通过观察一个人的眼神，我们可以感受到对方的真实思想动态和心理活动。

一个人的眼睛是最不会说谎的，通常，通过观察对方一个闪烁的眼神，就能判断出对方的心理活动。

在我们人际交往的过程中，眼神是与外界交流的重要媒介，我们可以通过观察他人的眼睛了解到对方的需求与真实的想法。有的时候对方的谎言也会被他们的眼神出卖。对方的眼神不真诚，就说明他说的话不真诚，我们可以很清楚地透过眼神读懂一个人。

这就是观察他人眼睛的重要性，也是眼神的神奇之处。

3. 关注肢体动作，洞悉他人心理

肢体语言也是一种语言。关于肢体语言，早在20世纪五六十年代的时候，西方的一些国家就展开了研究，并将肢体语言发展成为一种非常有魅力的新的学问，就是人体语言学。

在我们与人进行沟通的时候，这种人体语言学起着至关重要的作用。在沟通的过程中，肢体语言能够传递某些特定条件下的信息，如手势、面部表情、身体部位的某一些动作等在我们的人际交往中，都起着至关重要的作用。我们与人交流的时候，可以通过对方的某个肢体语言，了解对方的心理。

肢体语言可以清楚地反映一个人的真实意图，也是对一个人真实表情和行为的一种直接的反应。我们在沟通的时候可以委婉地运用一些肢体语言表达自己的感受和情感，也可以通过观察对方的肢体动作洞察对方的内在心意。因此，关注肢体动作在人际交往中是不容忽视的。它让我们既能更好地表达自己，又能更好地了解他人。

卡耐基先生曾指出：在我们的日常生活中，经常有一些语言含混不清，或者是无法用语言来形容的情况，还有一些人经常话里有话，或者是言不由衷，种种因素会导致我们在人际交往中不能及时了解他人的言外之意。这时候，就要求我们掌握一种无声的语言，那就是肢体语言。

最近一段时间，道格拉斯与一位韩国的客户进行了一场谈判，谈判的结果很理想。

在整场谈判结束之后，道格拉斯决定邀请那位韩国客户共进晚餐。在整个用餐的过程中，双方谈得很投机，并且有很多共同的爱好与话题。聊得多了，不由得产生了一种“酒逢知己千杯少”的感觉，因此，在不知不觉中，时间就过去了。最后，道格拉斯观察到了那位韩国客户的一个细小的动作。这位客户把自己的腿放到了与身体呈90°直角的一个位置，这只脚好像在说“远离我”。

见到这样的情境，道格拉斯礼貌地问道：“请问您是不是还需要处理一些事情？”

这时候，这位韩国客户抱歉地说道：“道格拉斯先生，感谢您的热情款待与美味的晚餐，只是我必须要在很短的时间内给我在韩国的公司打电话处理一些紧急的事情，希望您不要因为我的匆忙离开而生气。能与您结为好友使我非常高兴，请您理解我，好吗？”

道格拉斯连忙说：“没有关系，大家都是好朋友，因为我耽误了您这么长时间，我感到非常抱歉，也希望您能谅解我。”

事情就是这样的，即使道格拉斯的客户对他表现得很热情，但那位韩国客户的脚是不会说谎的，它很明确地告诉了道格拉斯，他还有其他的事情要忙。

这个故事很好地向我们说明了在沟通的过程中，观察人的肢体语言还是十分有必要的。假如道格拉斯没能发现韩国客户的坐姿变化，就不会得知客户还有事情要忙。客户将自己的双脚挪开可以看成一种解脱的信号，说明他想要离开自己的座位，想要走出去。当我们在与人进行沟通的时候，像道格拉斯那样发现对方将自己的双脚移开的时候，我们就要注意，看看自己是不是要做些什么了。

肢体语言是可以加强沟通的语言。

美国一位著名的心理学家指出：无声的语言所表现出来的意义远远要比有声语言表现出来得多，并且容易使人印象深刻。对这一点，他还列出了一个公式：信息的传递 =7%言语 +38%语音 +55%表情。这个公式强调了无声语言在沟通中的重要地位。

在西方国家的政治领域和商业领域当中，人们对肢体语言是非常重视的。很多地方把肢体语言当作一门非常重要的课程，尤其是那些大牌人物。

大家都有所了解，丘吉尔首相的经典手势就是“V”。它在英语中是“Victory”的第一个字母，是胜利的意思。丘吉尔竞选首相的时候、进行演讲的时候、登陆诺曼底的时候，都会用手做出一个“V”，来向大家分享他的喜悦之情。如今“V”已经是一种通用的手势符号了。

同样，法国总统戴高乐也有自己习惯的手势。例如，他在每次演讲完都会耸耸肩，然后将手高高地举起，用来调节现场的气氛。

无论是发表演讲，还是与人进行谈判，肢体语言都可以增加说服力。同样，在我们日常生活中，与人交流的时候，如果想要达到自己的目的说服对方，赢得对方的肯定，可以适当运用一些肢体语言。这是人际交往中必不可少的“道具”。

有一位著名的心理学家说过：“肢体语言是世界上最动听的语言。”

虽然肢体语言对我们沟通有很大的帮助，但是也要合理运用，假如乱用，有的时候会得到相反的效果。在我们与人沟通的时候，也要时刻留意他人的动作，哪怕只是细微的一个小动作，都可能会起到至关重要的作用。只有时刻关注他人的肢体语言，才能更准确和及时地了解对方的内心感受，从而推动沟通向着我们希望的那个方向更好地发展。

4. 让对方多说话，才能更容易了解对方

杜威是美国著名的哲学家、教育家。他认为，人的一生当中，最大的冲动就是“希望自己在他人眼中变得很重要”。在现实生活中，有一部分人是有些自卑的，他们自卑的原因就是经常被人忽视或者遗忘。当然，重要的是“自己在他人眼中变得很重要”的愿望没有得到满足。有些人表面上表现得很强势，但内心其实是脆弱的。与这一类人沟通往往比较困难。那么怎样才能准确判断出他们的想法呢？很简单，就是要让对方多说话。

在生活中，对这样的沟通对象，我们不妨让他们多一些表达想法的机会。每个人都有表现自己的天性，尤其是比较内向自卑的人，他们更加希望自己可以像其他人一样优秀自信，从而获得他人的关注和喜爱。

卡耐基先生说过：“对那些性格比较孤僻内向的人，请给他们一些表现的机会。”

在谈话的过程中，面对羞涩的孩子，柴静利用对方熟悉的人成功打开了他们的话匣子。在孩子们的世界中，接触最多的就是卢安克老师，能够说得

最多的就是和卢安克老师发生的那些事情。在这个过程中我们可以看出，柴静只是一个引导者的角色，她并没有多说话，当她抛出一个话题之后，就将所有的话语权都交给了孩子们，从而让沉默的采访变得活泼有趣起来。

在沟通的过程中，让对方多说话是非常重要的。我们要以宽广的胸怀去对待与我们沟通的人，并且尽可能让对方多说，我们多听。让他们多谈论自己的生活，这样我们才能更了解他们，从而找到更多的话题。我们还要把注意力放在对方身上，让对方感到被重视。

5. 像内向者一样思考才能了解内向者

卡耐基先生表示："想要尝试着了解内向者，就要站在内向者的立场去思考问题，这样才能减少与内向者的矛盾，与他们成为朋友。想要了解内向者，这一点是至关重要的。"

在现实生活中，内向者很不愿意与人沟通。他们很少主动和与自己素不相识的人交流，他们面对陌生人时一般会表现得非常紧张和拘束，甚至因为紧张而双手紧握，满头大汗，声音颤抖。他们在与熟人交流的时候，也会有害怕自己说错话之类的担忧。因此，沟通对他们来说通常是一种负担。

在卡耐基先生的训练班上，有一名学员叫萨姆·道格拉斯，住在纽约的汉普斯特。

他的夫人性格非常内向，在家中不怎么说话，因此他一直都不能与自己的夫人顺利沟通，这使他们的感情面临危机。他抱怨他的夫人总是把大把的时间浪费在打理草地、浇花、除草上面。他还表示，不管夫人再怎么打理它们，家里的花园也没有变得更好看。他的夫人因此很长的一段时间都与他冷战，于是二人的感情逐渐淡了下来。

道格拉斯在卡耐基先生的培训班学习了一段时间之后，终于意识到自己与夫人的问题所在了。他从来没有站在自己夫人的立场上去思考问题，他不知道自己的夫人虽然不爱与人交流，但是打理花草可以让她快乐；他也不知道可以找到哪些夫人喜欢的话题与她沟通；以及没有意识到夫人喜欢被人夸赞自己的劳动成果。他意识到这些问题后，就开始想象如果自己也是一名内向者，会渴望些什么。

后来，在一次午餐后，她的夫人去花园整理花草，这次道格拉斯主动要求陪着夫人一起去。她的夫人因此很开心，他们有说有笑地边修剪那些花草边聊天。后来他称赞道："亲爱的夫人，你把我们的花园打理得太美丽了，简直像仙境一样。"她的夫人听到之后非常感动，于是两个人和好如初。

卡耐基先生说过："想要钓鱼，就要像鱼一样去思考。"

这句话说明，我们要去了解对方的想法，才能取得成功。

一天，爱默生先生和他的儿子决定把一头小牛关进谷仓里。可是事情并没有那么顺利，无论爱默生先生怎么去推，他的儿子怎样努力地去拉那头小牛，那头小牛都倔强地一动不动，始终站在原地，就是不愿意离开脚下的草地。

正在他们父子万分焦急的时候，一名妇女朝他们走了过来。虽然这名妇女没有什么文化，也没受过高等教育，但是她很了解牛的"性格"。她把自己的手指头放到了小牛的嘴里，边让小牛吸着她的指头，边轻轻地将小牛推到了谷仓中。但是为什么小牛会听这位妇女的指挥呢？其实很简单，她知道小牛想要的东西是什么。

事实上，我们有时候就像爱默生父子一样，只是注重我们自己想要的，而忽略了别人的感受。这就是我们与内向者通常不能顺利沟通的一个重要原因。我们不能判断出对方的想法是什么，也不能理解他们行为的意义。这就是产生矛盾的根源。

很多人会指责内向者不善言辞，不爱与人进行沟通，不喜欢参与人际交往。事实上，这是不正确的。他们并不是不喜欢进行社交活动，而是在以一种他们特有的方式或行为进行社交，只不过我们理解不了罢了。

所以他们并不是孤僻或不愿意与人交流，而是他们表现的方式不同。我们在与他们进行沟通的时候，一定要把自己也想象成内向者，并且要多找出一些对方感兴趣的话题，让气氛活跃起来，这样就不会总是拘泥于某些问题上，给内向者带来压力。

6. 换位思考才能成功与偏执者沟通

当我们在生活中与偏执者产生意见上的分歧时，争吵往往是没有任何用处的，而且有可能使双方不能继续沟通下去。

卡耐基先生告诉我们："在一开始的时候，应该先去重点说明'你们都赞同的事情'，之后在可能的情况下，重点突出双方可以达成一致的一个目标。"卡耐基先生的意思是，不要对我们的沟通对象直接说"不"，而要说"是"。

为什么不能否定别人的说法呢？

阿福斯特教授曾经说过："一个简单的'不'字，是沟通对象最难以接受的。"

每个人都有自尊心，没有一个人希望自己被他人拒绝，这也是那些偏执者固执己见的一个很重要的原因。即使在某些时候，他们明明知道自己错在哪儿，为什么错，但是为了自己的自尊心，会一直将这样的错误坚持下去。假如在一些事情上，你不做任何考虑就直接拒绝，说"不"字，那么说服那些偏执者改变自己的看法将是非常不容易的。

在我们与人沟通的过程中，遇到意见上的分歧或者矛盾的时候，吵架往往是解决不了问题的。我们要进行换位思考，站在对方的立场上去思考。有些时候，我们想办法让对方说出"是"来，才能更好地继续沟通下去。尤其是对待那些偏执者，我们在换位思考之后便会发现，他们说出来的一个简单的"是"字看似没什么，却是他们对我们心服口服的表现。

换位思考，可以更好地与偏执者进行沟通。

7. 把握对方性格与心理，成功获得挑剔者的赞同

在现实中，每个人都有自己独特的性格与心理，我们想要顺利与人进行沟通，随随便便是不可取的，我们在与人沟通之前要明确对方的心理需求、

了解对方的性格，才能让沟通顺利进行下去。尤其是我们在与那些所谓的挑剔者进行人际交往的时候，了解对方的性格和心理就更加重要了。

卡耐基先生曾指出：“沟通就是人与人之间心灵的对话。”

这句话很明确地告诉我们，假如无法正确判断对方的心理和性格，就不能进行有效的沟通。

哈佛大学商学院的院长唐哈姆曾经说过：“在和某人见面之前，我宁愿在他办公室的走廊上走 2 个小时，也不愿意在完全不了解他、不知道该说些什么的情况下贸然走进他的办公室。我必须对他的兴趣和动机有所了解，并且把这作为回复问题的依据。只有这样，我们之间的沟通才是有效的。”

卡耐基先生对唐哈姆的话非常认可。

在塔夫脱总统《服务的道德》这本书中，有这样一个例子：

“有一位住在华盛顿的母亲，她的丈夫从事政治工作，并且很有影响力。这位母亲想要帮自己唯一的儿子找一份工作，为此，她一直都在纠缠我，”塔夫脱总统说道，“这位母亲的心机非常重，为了说服我想尽了一切办法，她求了很多人，甚至还有参议员和众议员。他们竟然表示要为这位母亲的儿子做一切担保，保证他不会出现任何的问题。对这个问题，我想了很长时间，想到这项工作有很高的技术含量，我就根据该局领导的推荐挑选了别人。我的举动让这位母亲非常愤怒。

“知道了这个消息之后，这位母亲写了一封表达自己心中不满的信。她在信中骂我是世界上最没有人性的人，不明白做母亲的心，甚至还警告我，说她早就和她所在州的代表讨论过了，要在以后报复我。

“当我看到这封辱骂我的信件时，非常想给她回一封信过去，非常严厉地抨击她。但是我并没有那样做，我把信收到了我的抽屉里，当我看不到信的时候，我心中的怒火就消散了。于是，我开始去体会做母亲的心情。那位母亲性格非常急躁，遇到事情特别容易冲动行事，很容易在一件很小的事情上与人产生矛盾。但是她的目的其实就是想给儿子找一份能养活自己的工作而已。在我对这位母亲的性格和心理分析了一番之后，我决定给她回信。信中我表示非常理解她的心情，并向她表示抱歉。我承认了我并没有任何权利去随意任命任何人，那份工作是当局的决定，不是我的原因。最后我向她表达了我对她和她儿子的祝福。

“后来，当那位母亲收到了我的回信之后，终于让自己的心情平静下来并对我道了歉，表示之前有些冲动，对我产生了困扰。”

塔夫脱总统运用了非常巧妙的手法平息了这位母亲的愤怒。假如他对这位母亲的性格和心理不做任何分析的话，他将继续面对这位母亲的纠缠。

卡耐基先生曾表示，我们在与人沟通的过程中，那些潜藏在人背后的性格和心理是我们必须要特别注意的。比如，我们在与那些特别挑剔的人进行谈判的时候，当我们用任何优惠条件对方都无动于衷的时候，并且无论我们怎样说都没用的时候，我们就可以根据这位客户的性格与心理制定出适合对方的战略，为我们取得成功赢得更高的胜算。

一把非常结实的锁在铁门上悬挂着，一根铁棍花费了很大的力气才将这把结实的大锁撬开。后来，钥匙慢慢地走过来了，它的身形非常细小，于是它很容易就钻进了锁孔中，只是轻轻地转动一下，那把结实的锁就开了。

铁棍感到非常惊讶，为什么钥匙不费丝毫力气就能将大锁打开呢？

钥匙说道：“因为没有人比我更了解这把锁。”

这个故事告诉我们的道理就像卡耐基先生所说的那样，当我们在与挑剔者进行沟通的时候，一定要先了解对方的心理与性格。假如我们能将这一点做好，那么与他们进行交流就是非常容易的。

例如，当我们与性格比较内向的挑剔者进行沟通的时候，应该想到他们喜欢比较安静的社交场所，因此可以选择人少安静的咖啡厅，因为性格内向的挑剔者喜欢自己独立地思考问题，这样的场所非常适合他们；当我们与性格比较外向的挑剔者进行沟通的时候，要想到他们与内向的挑剔者不同，喜欢热闹人多的场所，因此可以选择人多热闹的广场，并且可以根据眼前所见到的事物随意找话题，然后再慢慢切入主题，这样会更容易激起对方的兴趣。

判断对方的性格和心理在沟通中是非常重要的。这需要我们认真观察对方的言谈举止和一些细微的动作，并且通过这些行为分析出他们隐藏在背后的性格和心理变化。假如我们可以做到这一点，那么与任何人沟通就都不再是难题了。

第二节　成功体察他人情绪的案例

1. 洛克的老同学

洛克大学毕业之后就开始做销售工作，一做就是五年。在这五年中，他的业绩在公司一直名列前茅，总是拿季度销售冠军。

这一切都要归功于他绝妙的销售口才，他总是能通过观察对方的身体方向，来判断这个人的心里在想着什么，是不是对自己所说的话题感兴趣，然后他再采取相应的措施将话题继续下去。即便在生活中，洛克的这个特点也帮助了他，很多时候他都通过这个方法来化解自己身上的尴尬处境。

有一次他和一位老同学约在咖啡厅见面，没想到这位老同学带了他的妻子一起赴约。他们事先找好的咖啡厅环境非常好，非常安静。老同学与他的妻子并排坐在一边，洛克一个人坐在了他们的对面。两个人由于有很长一段时间没有见面了，洛克一直在和他的老同学聊一些他们之前上学时候发生的有趣的事情，两个人就此谈得非常的开心。但是通过他的观察，发现老同学的妻子好几次都低着头滑手机，坐在那里沉着脸一句话都不说，有时候还将自己的身体和头部对着玻璃窗。于是洛克凭着他以往的经验推断出，老同学妻子的反应一定是因为他们的谈话对她来说太无聊，想要自己先回去。他决定扭转这个局面。

后来，当老同学问自己有没有想着换工作的时候，他并没有急于回答问题，而是将身体向那位老同学妻子的方向转动了一下，然后才开始回答老同学的问题，但在谈话的过程中他还会看一看同学的妻子，然后再回头看看同学，再看他的妻子，就这样重复着。他的这个方式没一会儿就起到了很好的作用，后来那位同学的妻子依旧没怎么说话，但是洛克发生的小改变让她感觉自己也融进了谈话之中，三个人谈得非常开心，同学的妻子不仅没有先离开，反而参与了他们的谈话，提出了不少有趣的话题。

卡耐基情商艺术

当我们看到自己身边的两个人在交谈着什么，但是并不知道自己要是介入，他们会不会接受自己的时候，就可以采用这种方式。两个人在交流的时候，假如他们的目光时不时地看着你，并且身体也稍微发生一些变化，就说明他们心里并不介意你加入进来。因此，我们在与人沟通的时候一定要注意对方的肢体动作，通过对方的肢体动作来推断出对方的情绪和心理活动，这样更有助于我们将沟通顺利地进行下去，避免不必要的尴尬。

2. 安妮的小心思

安妮是一名护士，有一次她负责照顾一位患有淋巴癌的患者。

这个患者是一个 10 岁孩子的母亲，医生在为她看诊的时候告诉她，她满打满算也不过还有半年多的时间，甚至可能会更短。在安妮看来，这位母亲非常称职，很爱自己的孩子，不仅如此，她的性格也非常开朗活泼，是一个非常容易相处和亲近的人。然而这么完美的一个人并没有战胜邪恶的病魔，命运之神并没有对这位慈爱的母亲仁慈，安妮非常同情她。

在照顾这位母亲的过程中，她总是想尽一切办法让她开心，有时候甚至会故意编出一些善意的谎言。

有一天早晨，安妮刚踏进病房的大门，就看见那位患有癌症的母亲在流泪，便赶紧过去询问她是不是身体哪里不舒服。这位癌症母亲看了一眼安妮说道:“不，我并没有感到有什么不舒服的地方，我只是知道自己能活的时间不长了，舍不得我可爱的孩子，他才只有 10 岁就将失去母亲了……”

安妮赶紧安慰她说：“不，你没有必要想这些，医生说只要你保持心情愉悦，就会慢慢好起来的。”安妮将这句话说出口的时候，心里想的并不是这样的，她真实的想法是：对啊，这个10岁的孩子多可怜啊。同时，安妮下意识地用左手的食指摸了一下自己的鼻翼。安妮的这个小动作就是她说谎的一个暗示。虽然这个动作并不是她故意做出来的，只是一种下意识的小动作。那位癌症母亲看到之后，哭得更伤心了。安妮这才意识到自己这个动作的严重性。

也就是说，事实上，她的心思被这个小动作暴露了，让那位母亲读出了她内心的想法。

卡耐基情商艺术

与人沟通的过程中，有时候对方不经意的一些细小的肢体动作，特别是用手配合脸进行的动作，实际上说明了对方在“说谎”。或许对方并没有要对我们说谎，只是由于情绪紧张无意间出现肢体上的小动作。假如我们熟识这些动作上的“暗语”，就能很好地将他人的“伎俩”识破，这将对我们的沟通有着非常大的帮助。

3. 优乐的眼睛

优乐大学毕业之后就做了销售。并且销售业绩一直都是公司中数一数二的。

优乐在平日里与客户聊天的时候，总是会看着对方的眼睛，他的眼神总是随着对方的眼神转动，并在自己与客户的眼神汇集在一起的时候，给出一定的反应。

优乐经常对同事说：“我的方法听起来有些夸张，但是这的确是吸引对方的好方法。”当优乐自己说话的时候，还会适当加一些其他的肢体动作，如“您看这个资料”“这个瓶子的颜色与我现在穿的外套的颜色非常相近”，让对方的视线自始至终跟着自己走。

他在给客户讲解公司产品的时候，一般是仅就产品交谈，所以一些夸张的表情和动作派不上用场。这时，他的做法是拿笔指着那些产品资料，同时加以说明。他会将笔往上举高，停在他与客户的眼睛之间，吸引对方抬高头部，看着他，听他说话，从而让客户记住他们产品的信息。

卡耐基情商艺术

我们都知道眼睛是心灵的窗口，是人们意志的体现，也是情绪和心境的流露。因此，当我们与人进行沟通的时候，观察对方的眼睛是非常重要的。在交谈的过程中，假如我们能够紧紧抓住对方的眼神发生的变化，我们就可以很轻松地了解对方真实的内心世界，为我们之后将沟通顺利进行下去做铺垫。

4. 贝利父亲的劝说

贝利在自己很小的时候就对踢足球情有独钟，很想在以后的日子里将这个爱好继续发扬下去。

然而有一次，他看到小伙伴在一旁吸烟，于是他也模仿着小伙伴的样子开始吸烟，正巧他的父亲从他身旁经过，抓了他一个现形。小贝利心里其实非常清楚，吸烟不仅是一种不良嗜好，而且对身体健康有很大的危害，这对他自己足球生涯的梦想也是有害而无益的。因此，他表现得非常沉默，自始至终一句话也没有说，只是站在一旁等着父亲的呵斥与打骂。

但是让他没有想到的是，父亲并没有责怪他，甚至一句批评的话都没有说。父亲从他的行为中看出了他的懊悔，于是只是说："孩子，对于这件事情我并不想指责你什么。我要说的是，你对足球这么热爱，而对一名球员来说，最重要的就是身体健康。或许一根香烟、两根香烟并不会产生什么影响，但是发生了第一次，就免不掉第二次，接着第三次、第四次……久而久之，你的身体总有一天会出现差错。到了那个时候，不要说是足球巨星，恐怕你连足球都碰不了了。"

听了父亲的一番话，小贝利觉得，父亲并不是在批评自己的错误，而是站在自己的角度为自己的将来着想。他不但听取了父亲的建议，更觉得自己的父亲是一位慈爱的父亲。

卡耐基情商艺术

当我们不再用对手或者敌人的身份去向对方进行劝说和批评，而是考虑到对方的心情与想法，站在对方的角度上去考虑问题，劝说就会轻松和简单许多。有些时候，把话说到对方心坎里，对方才更容易接受。即使是自己心中早就认定的一件事情，想要改变对方的想法，也要顾及对方的情绪重新替对方考虑。这样才不会伤害到对方，还可以让对方改变自己的心意。

5. 夫妇的心思

张先生和王女士是一对夫妻，刚结婚的时候，两人的感情非常好，生活中常常形影不离，不分彼此。可是，随着之后生活日益平淡，他们厌倦了婚后的生活，最初的新鲜感已经完全消失了，常常因为柴米油盐等一些鸡毛蒜皮的小事大吵。

开始时，张先生和王女士只要有对对方不满意的地方就吵架，谁也不让谁，弄得家中鸡犬不宁，但是争吵之后，两人冷战几个小时就又主动和好了。可是过了一段时间，他们的吵架越来越频繁，都不想再与对方生活在一起了，于是经历了一个对彼此异常冷漠的阶段。

但是这并不是长久之计，张先生和王女士总是要面对家人以及身边的朋友们，两人为了不让别人看出来他们关系的破绽，在别人在场的时候装作什么事情都没有发生的样子，尽量显得很恩爱，而一旦只有他们两个人在房间里的时候，家里就会非常安静，各忙各的事情，互不打扰。

有一次，两人一起回家看老人，在与老人交谈的过程中，两个人的距离拉得非常远，并且根本没有眼神的互动。这些举动已经出卖了他们。

就这样，夫妇两人的精密策划还是没能逃过旁人的法眼，他们只得坦白。经过老人的一番调解和沟通之后，两人才放下各自的情绪。

卡耐基情商艺术

在社会交往中，每个人的心理活动变化都是非常微妙的，这种微妙的变化经常会通过各自的面部表情流露出来。假如遇到高兴的事情，脸颊就会非常放松，如果遇到悲哀的状况，眼神自然就会显得悲伤。也有些人不愿意将这些内心活动让别人看出来，于是尽量把情绪隐藏起来。但是人的肢体活动和表情变化是不会骗人的，只要我们细心观察，就一定能看出对方的情绪变化，从而根据这些变化判断下一步我们需要做什么。

6. 杨涛与刘克

杨涛和刘克共同在一家小型企业工作，他们两个人的能力都很强，并且在工作岗位上都非常努力，每个月的业绩也都是全公司里数一数二的。两个人唯一不同的地方就是，杨涛平日里各个方面都比较细心，与同事相处得融洽而和睦；而刘克则从来不单独与同事相处，更不要说主动接近和关心同事了。

平常的时候，他们的一位同事非常开朗乐观，精力旺盛，在工作上也得心应手。然而前不久的一天，他却露出了非常悲哀的神色，可以看出这位同事有心事，但是不想说出来，一直在努力地克制自己的情绪。这些微妙的表情变化被细心的杨涛发觉了，于是他主动问道："你最近一切都好吗？"

"唉！我正头痛呢，我太太前几天一下子就病倒了！"

"什么？你太太病了？现在情况怎样了？"

"其实也没那么严重，目前不用住院治疗，医生说让她在家中调理一些日子。"

"怪不得我总觉得你这段时间的脸色和精神状态不太好，还以为你工作上遇到什么难处了，原来是你太太身体出了问题。你也要注意自己的身体啊！"

"谢谢你，想不到你这么细心。"

同事一面说着话，一面脸上露出了笑容。

后来，杨涛的日常工作和晋升都较顺利，而刘克一直在原地踏步。

卡耐基情商艺术

在我们人际交往的过程中，要学会察言观色，留意对方的表情变化，互相体谅，互相关心，该进的时候毫不犹豫地进，该回避的时候要回避，该止步的时候就要止步，这样在很多时候可以避免不必要的纠纷和矛盾，不仅可以与周围的人和睦相处，还可以为自己争取到发展的机会。

7. 土川先生的判断

日本名古屋商工会议所前不久需要从外聘请一位主任。

于是，知名百货公司社长长尾芳朗把自己熟识的一位好朋友推荐给了名古屋商工会议所的主席土川元夫，想让他给自己的朋友一次表现的机会。没几天，长尾芳朗与土川元夫坐在一起聊天，长尾向土川问道："土川先生，请问我的朋友怎么样啊？是不是可以胜任贵所的职位？"不料土川却回答说道："在我看来，你的那位朋友根本就不是什么人才，恐怕无法在我这里留住啊。"对土川的回答，长尾感到非常吃惊，继而感到非常气愤，说道："你跟他接触的时间只有短短的二十几分钟，根本就没有交谈几句，怎么就能判断他不是一个人才呢？这样也太草率了吧。"

土川笑着说："你的朋友在刚一开始与我见面的时候，就滔滔不绝地说了起来，根本没有给我留下说话的机会。而当我开始与他交流的时候，他却自顾自地东张西望，一副似听非听、满不在乎的样子，这就是我说他不是人才的第一个理由。此外，他非常喜欢提及自己的人际关系网与背景，不是说某某达官贵人与他是非常要好的朋友，就是说某位明星与他有很深的交情，并且一再向我炫耀，好让我知道他并不是'好惹的'。最后，我问他关于如何去做管理的问题，他却沉默了，一个字都说不出来。听我说完这些，你还觉得你的这位朋友是个人才吗？"听完土川的话，长尾摇了摇头，认为土川的话非常有道理，自己的朋友的确不能称作人才。

卡耐基情商艺术

总是夸夸其谈、喜欢高谈阔论的人看似有想法，实质上可能内心空洞。

8. 销售员的举动

很久之前，王先生打算买一辆好车。

于是他去经销商处对销售员说："我看上了一部车，非常喜欢，我想以这样的价钱买下这部车。"在和销售员讨价还价谈论了一番之后，销售员对王先生用了他们习惯用的一招，他说："好的先生，您先稍等一下，我得去问一下我们销售经理的意见，然后给您答复。"

于是，销售员去找销售经理，王先生走出了销售大厅，想四处看一看。过了几分钟后，他在转弯处正巧看见接待他的那名销售员正与他的经理在一扇玻璃门后说些什么。王先生虽然根本听不到他们的谈话内容，但是他可以非常清楚地看到他们的举动。王先生看到，那名销售员在和他的经理说完后，从玻璃门后走出来，就在这时，他回过头做了一个吐舌头的动作。虽然整个过程只是一瞬间的事情，却被一旁的王先生看得一清二楚。于是他立刻回到销售大厅，等着那名销售员回来给自己答复。

没多久，那位销售员进门对王先生说道："我已经把您的意见告诉我们经理了，他认为我向您说的价格已经是最低的了。"王先生反问道："你是说这是你们的最低价？""是的，先生。"销售员立刻说道。"不能再商谈一下吗？""真的不行，先生，"销售员毫不犹豫地说道，"这是我们的最低价格了"。"既然这样，真是麻烦你了！"王先生说完这句话之后，立即从沙发上起身，走出了售车大厅，他头也不回地径直往前走。就在他要走出大门口的时候，销售员追着他喊道："王先生等一下！"他又重新把王先生请回了大厅，并且告诉王先生可以在最低价上做折扣，这个新的最低价比王先生第一次给出的价格只高出了100元。

最终王先生如愿以偿地买到了自己喜爱的车。

卡耐基情商艺术

在与人沟通时，吐舌头的动作可能表达一种心理活动，就是“侥幸”。假如我们学会观察这种行为，那么无论是在讨价还价，还是在激烈的辩论或者谈判中，都是非常有用处的。

9. 眼神的玄机

小文是一家公司的销售业务代表，有一次，她去会见一位客户，对方是广告公司的老板。

在和客户谈判的过程中，人们也会谈一些和业务不相关的话题。对初次见面的人来说，总是会对对方产生一种好奇心，出现闲聊的现象也是不足为奇的。

但是小文有一个缺点，就是在和人交流的时候不善于运用眼神，她不敢用眼神正视对方，尤其是面对陌生男人时，当对方注视她的时候，她会把视线转移到其他地方。在沟通过程中，这是很不礼貌的行为，这位广告公司的老板却给小文上了重要的一课。

这位客户对小文说：“眼睛是很重要的，尤其是在和客户交谈的过程中，通过眼神能够捕捉到很重要的信息。在和他人沟通时，和对方对视是最起码的礼貌。”

这位客户让小文观察了他和下属对话的过程。和下属交流的时候，这位老板是注视着员工的眼睛的，无论他手里的工作有多忙，当有下属来向他汇报工作的时候，他都会抬起头，和员工进行眼神上的交流，虽然有时只有短短的几秒钟，但充分显示出了他对员工的尊重，员工也总是集中精力去听他的意见。

卡耐基情商艺术

在沟通的过程中，眼神之间的交流是很重要的。在说话的时候，如果你注视着他人的眼睛，能够让对方有被尊重、被重视的感觉，有助于沟通顺利进行。

第五章 05

如何说话才能体现高情商

第一节 卡耐基告诉你说话的方法

1. 看清场合再说话，才不会出错

说话时要注意场合，这一点在人际交往中非常重要。假如我们说话不注意场合，随心所欲，在社会交往中是不占任何优势的。我们是在一定条件、一定时间、一定地点下生活，因此，在不同的场合，面对不同的人、不同的事情、不同的目的，就要用不同的方式说话，这样说出来的话才不会出错，从而达到理想的沟通效果。

卡耐基先生曾指出，想要成为成功人士，就必须懂得说话的分寸，要看清场合，说正确的话。

有的时候，我们说话的态度、语调以及说话的内容会直接影响到别人对我们的看法。因此，我们在说话之前，一定要看清场合，判断自己应该用怎样的方式说话再开口，以免造成不必要的损失。

我们想象一下，假如我们对一位七八十岁的农民谈论如今互联网络的发展，会是一种什么情形。可能对方根本就不知道我们说的是什么，甚至会认为我们有一些问题。

俗话说得好："在什么山上唱什么歌，拿什么钥匙开什么锁。"

卡耐基先生曾经指出，讲话一定要看清场合，掌握好技巧，很多人常常信口开河，酿成了不可挽回的后果。

2. 话要说到点子上，才不会让人失去兴趣

在与人沟通的过程中，当你就某一个话题说个不停的时候，有的时候会发现，对方根本没有在听我们说话，或者被我们搞得一头雾水，并不知道我们想要表达什么。因此，我们要把话说到点子上，这样才能让对方感受到我

们所说的话的含金量，才能有兴趣听下去，并且做出相应的反应与关注。这样才能达到一种理想的沟通。

那么什么是理想的沟通呢？卡耐基先生曾指出，理想沟通是一种沟通上的双赢，就是既将想要表达的意思全部说出来，还要让人产生兴趣，这两种都不能缺少。

准确地传递自己的信息是沟通过程中一个非常重要的环节。很多情况下，我们将信息传递给了对方，却很难使对方产生兴趣。这就需要我们把话说到点子上，寻找有趣的话题，让对方产生兴趣。

《高感度行销》的作者是萨维基，他曾经被誉为“最伟大的寿险业务员”。他是保险行业中成就极高的业务员之一。

有一次，因为工作上的原因，他去美国芝加哥大学走访一位著名的老教授。这位教授以待人冷漠出名，一向对前来拜访他的人没有任何兴趣。

萨维基见到这位老教授后，发现他的确非常冷漠。他说了很多话题，都提不起对方的兴趣，老教授就要下逐客令了。这时，萨维基突然想起来，他刚见面就和教授说自己认为有意思的话题，这样或许会引起对方的反感。

萨维基立刻将话题转移到了别的地方。他说道：“我记得哲学家培根把学问人比喻成三种不同的动物。第一种是蜘蛛，研究的东西就在自己的肚子里；第二种是蚂蚁，只知道运输和堆土，积累了大量物资，但是不知道应该如何去做；第三种是蜜蜂，一直都辛勤工作，采集众多花朵中的精华，并且精心酿造成美味的蜂蜜。那么，您觉得要是按照这三种分类，您是哪一种呢？”

那位冷漠的科学家听完了萨维基的这一番话之后，对他刮目相看，因为他说的正是自己喜爱的话题。他认为萨维基是一个有趣的人，将话说到了点子上，于是感兴趣地和他畅谈了起来。最后两个人找到了很多共同点，成了很好的朋友。

所以事实证明，并不是那位教授冷漠，而是大多数拜访者与他聊天的过程中，没有找到重点的话题，使他没有兴趣沟通下去。

沟通的重点和趣味性是非常重要的。用一个比喻来说明，两人能不能在一起，取决于对方的外表是不是入自己的眼。而两个人在一起能不能长久，就在于双方的内心是否是契合的。同样，在我们沟通的过程中，话题有趣味、有意思是外在的部分。而内在就是我们想要表达的观点。有时这些要说出来的话是很重要的，但是别人是否能听进去，就要看你如何去说。假如沟通的整个过程没有任何趣味，别人就无法耐心地听完，这样你说的话含金量再高，最后也是一场空。

尤其是在谈判的过程中，如果说话不开门见山，不把话说到点子上，很有可能错失良机。

只要抓住机会，直截了当地表达，成功不会像你想象的那么困难。

因此我们在沟通的过程中，一定要重视趣味性。寻找有趣的话题，并且要把话说在点子上，这才是沟通成功的秘诀。

3. 板着脸说话会让你失去魅力

当你走进一家超市，里面的商品质优价廉，种类也很齐全，但是服务员总是板着脸面对每一位顾客，当你有问题请教他们的时候，总是对你爱理不理，你还会再来回购商品吗？相反，另一家超市虽然比较偏僻，但是店员对我们笑脸相迎，耐心地为我们介绍产品，很多人一定愿意成为这家超市的回头客。

同样的道理，如果你是一名公司的领导，经验很丰富，能力很强，学识很渊博，但是你每天都板着脸对下属说话，总是盛气凌人的，下属们还会敬重你吗？你所分配的工作下属们还会尽心尽力地完成吗？

因此，无论在生活中还是在工作中，我们都一定要特别注意自己说话时的态度和表情，不要总是板着脸对别人讲话。有的时候可能我们并非有意，但是难免会引起他人对我们的误会。总是板着脸说话不仅会无形之中给自己树敌，还会让自己失去魅力。

卡耐基先生曾经表示：“要微笑对待身边的每一个人，即使对方只是一个乞丐，也要善待他们。否则，你会为自己的行为付出一定的代价。”

下面我们通过怀特先生的亲身经历来向大家说明总板着脸的危害。

詹姆斯是一位著名的作家，他在一次媒体采访的时候向大家讲述了一个他亲身经历过的故事：

有一天，他忙完公务之后，开车去公司附近的高级超市购物。当他想要在路边寻找一个合适的车位的时候，一个年轻的乞丐向他走了过来，说道："尊敬的先生，我看您一定是一个心地善良的人，我一直在外乞讨，已经很多天没有吃上一顿饱饭了，请您给我一些帮助可以吗？"

怀特先生一向都很排斥那些只会在路旁向路人要钱的乞丐，因为他一向对那些不愿意自己工作挣钱，只想着天上能够掉馅饼的人没有什么好感，更不要说去帮助他们了。

于是怀特先生不但没有给那个乞丐一分钱，还板着脸态度强硬地对他呵斥道："你还这么年轻，不自食其力赚钱养活自己和家人，却在这里向路人要钱，你觉得会有人给你吗？就算是有人给你，你花这些钱不会感到羞愧吗？你不为自己的行为感到害臊吗？"

乞丐没有说一句话，看了一眼怀特先生，便离开了。怀特先生没有多想，转身就进了超市，但是等他购物出来时，发现自己车的四个轮胎全部被扎破了。

怀特先生与乞丐说话时，不仅板着脸，还恶语相向，这使乞丐心生怨恨，对怀特先生进行了报复。我们常说，善待他人就是善待自己。我们以什么样的表情和态度对待他人，他人就会以相同的态度来回馈我们。总是板着脸一脸不屑地对待他人，如果有一天，我们遇到比我们要强大的对手的冷脸时会如何想呢？

当然，人有悲欢离合，月有阴晴圆缺，我们不可能每天都心情愉快，难免会为一些琐碎的小事困扰。但是无论我们的心情有多糟糕，都不要板着脸与人讲话，这样很容易让别人以为我们对他们有意见，引发不必要的误会和麻烦。

G先生与妻子因为一些生活中的小细节大吵了一架，闹得双方都很不愉快。

妻子一气之下带着孩子回了娘家，G先生也气得离家出走。

G先生沉着脸在大街上走着，在一家便利店门口碰上了刚买完饮料的邻居C先生。不清楚状况的C先生热情地说："嗨，G先生，好久不见！这么晚还在街上潇洒啊！"

这时候，G先生还没能使自己糟糕的心情平复下来，于是阴沉着脸大声地"哼"了一声。C先生见到G先生对自己一副爱搭不理的模样，觉得自己简直是自作多情，热脸贴别人的冷屁股，于是悻悻地回家了。但是G先生并没有觉得自己的行为有什么不妥。

从那次之后，C先生一见到G先生，便装作不认识，低着头迅速离开，原先和谐的关系也不复存在了。而G先生却不能理解C先生对自己的态度变化，因为他根本就没想到，是自己无意间破坏了邻里关系。

由此可见，不管我们的心情有多糟糕，都尽量不要把情绪表现在脸上，更不要强加在别人身上。板着脸是最大的利器，不要让身边的人为自己的坏心情买单。因此，要时刻保持微笑，不管自己内心有多愤怒，都尽量在脸上挂着笑意，不要板着脸，让自己丧失风度。

一般情况下，一个人的表情可以显露这个人的心理活动。当我们总是板着脸与人进行沟通的时候，会给人留下不好的印象，沟通对象会认为我们很不好接近，产生顾虑，使沟通不能顺利地进行。这样既影响自己的心情，也影响沟通对象的心情。

板着脸说话，即使话说得再有道理，也不容易赢得别人的认可，因为首先在态度上就输了。只有让自己的嘴角时刻都挂着微笑，才能让沟通顺利进行下去，同时也能更好地展现出自己的魅力。

4. 见什么人说什么话是一种能力

我们都知道，沟通是两个人的交流，并不是一个人的事情，因此，我们在沟通的过程中一定要考虑对方的感受。因为每个人都不相同，性格特点、心理素质、受教育的水平、生活的环境都有很大的差异，所以，想要做到高效沟通，就要求我们在沟通的时候采用适合对方的沟通方式，也就是见什么人说什么话，根据对方的特点来决定说话的内容。

卡耐基先生曾指出，见什么人说什么话是一种很强的沟通能力。

开创了自己的口才培训班以后，卡耐基先生得出一个结论：如果想要自己的谈话被学员们接受和理解，那么面对不同水平的学员就要采用不同的谈话方式。例如，卡耐基先生会鼓励性格内向、不爱讲话的L先生在培训班上大声发表自己的想法；但是他面对个性比较强势、善于辩论的K小姐时，会保持沉默，并且会把机会让给班上的其他学员，以免强势的K小姐占用他人太长时间，或与他人发生不必要的矛盾。

没有任何一种沟通方式是对所有人都适用的。我们在与人交流之前，一定要先了解沟通对象，然后选择一种适合于沟通对象的说话方式，学会“见风使舵”，才能达到好的沟通效果。

罗素·康维尔博士是天普大学的创建人。他在世界各地进行的演讲有6000场之多，内容大多是围绕“发现自我”展开的。很多人认为，一样的内容讲了那么多场，康维尔博士应该熟悉得连语气和音色都不会有任何变化了。

其实并不然。因为康维尔博士深深懂得，他每场演讲面对的听众的知识水平不同、家庭背景不同，因此，演讲的方式不能一成不变。要让演讲发挥作用，必须让听众感受到自己的演讲是有很强的针对性的，让在听的每个人认为这些演讲的内容是专门为他们准备的，这样才能将听众的兴趣提升起来，达到演讲的最终目的。为此，他每到达一个城市进行演讲的时候，在发表演说之前，都会与当地的牧师或者德高望重的学者进行交流，还会去当地的商店与店员交谈。

康维尔博士说：“这样做使我可以了解当地的历史和当地人的发展方向，进而根据我所了解的内容在演讲的过程中说一些听众们会感兴趣的话题。”

康维尔博士的每一场演讲都不会说与之前重复的话题，因为他明白，面对不同的人要说不同的话。正是因为这一点，他获得了成功。

与学识渊博的聪明人交流，靠的是广博的知识；与善于辩论的人交流，靠的是简明扼要的说话技巧，过于冗杂反而会遭到对方的反感，甚至会激起对方的“斗志”，假如他们就某一点开始你不想听的辩论，那么沉默就是最好的答复；与经济背景比较强大的人交流，要不卑不亢……只有我们足够了解我们的沟通对象，才能让沟通发挥作用。

汪林是某市最大的商场的市场部经理，有一次，为了谈合作，他带着相关资料来到了当地一家帐篷制作厂。在厂长吴老板的办公室里，他好说歹说，费尽口舌，对方仍然没有合作的意思。汪林暗暗提醒自己要沉住气，他抿了一口茶，尽可能地放松，装作无意地提起：“我之前看到手机里推送的本地新闻，很多喜欢露营的年轻人习惯使用贵厂生产的帐篷……”

一聊起这个话题，吴厂长的表情也放松了下来，他一边打开手机查询，一边笑着问道：“是吗？前几天有记者来采访，想不到这么快就上了新闻。”汪林竖起了大拇指：“贵厂产品质量过硬，本市人哪个不晓得？”说着，吴厂长找到了那则新闻，指着手机屏幕对汪林说：“没错，我们市的各大门店里销售的帐篷有一大半都是我厂生产的。年轻人最喜欢用，因为我厂用的都是进口材料，结实耐用不说，性价比也高……”

汪林就着这个话题同吴厂长聊起来，足足聊了几个小时。与吴厂长告别的时候，对方竟主动提起合作的事情，还约定了下次见面的时间地点，显得十分热心。

这个故事说明了见什么人说什么话的重要性。汪林达到自己目的的原因是在了解客户的基础之上，找准了适合该客户的沟通方式，找到了该客户感兴趣的内容，从而使得沟通进行得非常顺利。

卡耐基先生建议我们，要让沟通对象明白我们想表达的意思，不妨将我们所讲的道理与我们的沟通对象所熟知的事情做一下对比，告诉他们两者是共通的，这一说话技巧可以用于我们的沟通对象不熟悉的话题。

但光做到这一点是远远不够的，想要沟通进行得更加顺利，找到沟通对象的兴趣点也是尤为重要的。从沟通对象的兴趣点中引出我们所要说的内容，这样我们的沟通就成功一大半了。

无论在任何时候，沟通都要因人而异，针对不同的沟通对象我们要选择适合对方的沟通方式。

很多人像康维尔那样，有着渊博的知识和优秀的口才，为什么他们没能取得成功呢？因为他们无论面对什么样的听众，总是高谈阔论，千篇一律。只想到发挥自己的演讲才能，而不顾及眼前听众的感受，不考虑听众能否听懂自己所说的内容，最终演讲没有发挥任何作用。

因此，一言以蔽之，见什么人说什么话在沟通中是非常重要的。

5. 说话要委婉，伤人必不会利己

现实中与人沟通的时候，很多人喜欢直言快语，也就是说话很直接，想到什么就说什么。这样做虽然显得很爽快，但是沟通的效果并没有那么理想。有的时候，这种直言快语不仅会损害我们的人际关系，还会给我们带来一些不必要的麻烦。

其实有的时候，我们在说一件事情之前，可以先用其他的事情绕一个圈子，然后通过一系列的“旁敲侧击”，将我们想要表达的意思或者想要讲的道理说出来，这样往往能取得理想的沟通效果。

卡耐基先生曾指出，这种“兜圈子”的说话方式是一种非常巧妙的沟通手段。有的时候委婉的讲话方式要比直言快语更能达到目的。

史坦恩梅兹是电器方面的天才，他有着超乎常人的才能。

他曾经担任某公司电气部门的主管，把该部门管理得井井有条，让公司获得了很大的利润，销售额一直在上升，因此很受领导的赏识，没多久就升职了，担任计算机部门的主管。然而，人无完人，即使史坦恩梅兹是一名天才，也会遇到一些无法逾越的坎坷。

这次升职之后，史坦恩梅兹不但没有取得成绩，反而使计算机部门的业绩直线下滑。

这样的情况令高层的领导们非常为难，史坦恩梅兹对公司有很大的贡献，也的确在某些方面非常优秀，但是这次他确实没成功。他们怎样才能既不伤害史坦恩梅兹的自尊心，不打击他的积极性，又能顺利地将他安排到公司的其他部门呢？

最后，公司的高层领导商议之后决定：以文件的方式下达命令，说公司最近因为业务的问题，需要成立一个全新的部门——业务部，他们觉得史坦恩梅兹可以胜任“业务部经理”兼主管的职位。事实上，史坦恩梅兹知道这次工作上的调动是因为自己没有将计算机部门管理好，不过他非常满意，因为公司在同事面前给他留了足够的面子。

史坦恩梅兹之所以没有被伤到自尊心，保全了面子，正是因为上层领导用了一种委婉的方式化解了他当时的处境。假如上层领导直接、正面地指责史坦恩梅兹，批评他没有管理好计算机部门并将他调离现有的工作岗位，不但会伤害他的自尊心，让他在公司失去颜面，降低在同事心目中的地位；作为领导，自己可能也会受到公司员工的指责。

古人云：“伤人不伤面子。”

因此，在现实生活中，假如我们想要别人接受我们的意见，一定要用委婉的方式说话，保全对方的面子和尊严，不要对他人造成伤害，否则不但伤人，也不利己。

洛克菲勒是美国鼎鼎有名的石油大王，他在管理员工方面表现得非常出色，并且有着非常丰富的经验。洛克菲勒的下属，同时也与他拥有合作关系的福特独自负责的一桩南美的生意失败了。他对此非常担忧，觉得自己犯下了不可挽回的错误。他想，下次举行会议的时候，洛克菲勒一定会在会上对他进行严厉的批评和指责，因此，他在之后的一段时间里都表现得无精打采、心不在焉。

每月的例会如期举行。在这之前，福特已经充分做好了接受批评的心理准备。没多久，洛克菲勒就开始发表会议演讲了，他说道：“福特先生，我要指出，你在南美方面的生意上的确做得很不成功，可以说是失败的。”这让福特先生更加紧张了，他最担心的批评还是来了。

但是这时，洛克菲勒突然话锋一转，语气也变得亲切起来，说道：“但是我非常清楚，在这件事情上你已经尽力了，你付出了很多努力。即使这次失败了也没有什么关系，我相信在这件事情上，没人能比你做得更好。在之后的合作之中，希望你能像以前一样，取得出色的成绩……”

洛克菲勒的这番话说完了，福特感到非常欣慰，之前的担忧烟消云散了，他重拾了自信心。他对洛克菲勒非常感激，并且发誓一定要更加努力，取得更加出色的成绩来回报洛克菲勒。

如果作为领导，没能保全福特的面子，就不会有更加努力的福特。我们在他人犯下错误时，也应用委婉的语言去与他们沟通，这样不仅不会伤害到他人的自尊心，还能让对方更容易接受批评。假如故事中，洛克菲勒狠狠地在众人面前批评自己下属福特的失败，不但福特会因此丧失自尊心，还可能导致之后双方合作关系的破裂，不但伤人，还不利己。

委婉是基本的说话之道，说话含蓄委婉的人往往在人群中非常受欢迎，人际关系也处理得比较好。而那些不懂得说话之道的人的话像利器一样，无形之中就会伤害到他人的自尊心，当然，他们的人际关系也会因此受到恶劣的影响。

委婉地说话也是对他人的一种尊重，可以体现一个人的教养。有教养的人知道怎样说话、如何说出让他人可以接受的话。而这些，正是我们为人处世的根本。

第二节 说话体现高情商的案例

1. 法官与狗

纽约有一位园艺家叫麦克马洪。

有一天，他听闻一位大名鼎鼎的法官打算在自己的家中养一些杜鹃花，于是麦克马洪去拜访这位法官。

麦克马洪到了法官的家中，为了能与法官的关系更进一步，他立刻说道：“尊敬的法官先生，我听闻您非常喜欢宠物狗，也发现您府上有几只宠物狗非常漂亮。您带这些宠物狗参加过选美比赛吗？我想它们应该能得到很多蓝丝带奖项。”

这位法官听了麦克马洪的话，非常兴奋，回答道：“确实像你说的那样，我非常喜欢狗，我带你参观一下我的宠物狗吧。”麦克马洪连忙点头。

就这样，这位法官带着他参观了自己养的所有的狗，并且向他展示了它们在各大宠物狗选美比赛中得到的奖项。法官一时兴起，甚至还与麦克马洪讲起了宠物狗的血统问题。

后来，法官问道：“麦克马洪先生，您有孩子吗？”这个问题使麦克马洪非常的困惑，他立即回答道：“有。”

“那请问您的孩子是否愿意有一只属于自己的小宠物狗呢？”法官又问道。

“我想他一定会非常高兴的，他非常喜欢小狗。”

“非常好，我决定送他一只可爱的小狗。”法官还把一本关于宠物狗谱系和饲养的书给了麦克马洪。

就这样，麦克马洪得到了一只法官赠送的价值不菲的小狗，并通过这一次的交流，与法官成了很好的朋友，也谈成了生意。

麦克马洪仅仅通过几句对宠物狗的赞美，就轻而易举地谈成了生意，真是一件令人开心的事情。

卡耐基情商艺术

有的时候，具有艺术性的赞美对彼此沟通的促进作用是非常大的。每个人都喜欢听到对自己赞美的话，如果你的赞美让对方得到了成就感，那么对方一定非常愿意与你成为很好的朋友。

2. 安德鲁·卡内基成功的秘密

钢铁大王安德鲁·卡内基先生出生于苏格兰，他是20世纪初期大名鼎鼎的钢铁大王。

早在他很小的时候，就发现了一个有意思的事情：他发现每个人对自己名字的关注程度远远超过了对其他方面的关注程度。

安德鲁·卡内基在童年时期，有一天，他在郊外抓到了一只已经怀孕的母兔。他把这只兔子带回家饲养，不久之后的一天，这只母兔生下了好几只可爱的小兔子。小卡内基非常高兴，但是高兴之余，他也担心起来。因为当下的条件使他没有足够多的食物来喂养这些兔子。

小卡内基灵机一动，想出了一个好主意。他立刻将自己的小伙伴们都聚集了起来，对他们说："我需要你们的帮助，希望你们每个人帮助我照顾一只小兔子，为它们找到足够的食物，要是你们照做，我就用你们的名字为我的小兔子命名，好吗？"

听到小卡内基这样说，他的小伙伴们都表现得异常兴奋，于是他们争先恐后地为他的那窝小兔子寻找食物。就这样，这窝小兔子成功活下来了。

之后的一段时间，卡内基去了美国，他将之前"记住名字"的方式在经商中也加以运用。有一次，卡内基想卖给宾夕法尼亚州的一个铁路公司一些钢轨。这家铁路公司的老板叫埃格·汤姆森。

卡内基得知了这个名字之后，将自己新建的那家钢铁厂取名为"埃格·汤姆森钢铁厂"。这样，这家铁路公司在需要购买钢轨的时候，第一时间就想起了"埃格·汤姆森钢铁厂"的名字。

卡耐基情商艺术

在我们与人沟通的时候，假如我们足够用心，足够细心，记住别人名字并不困难。大部分时候，名字只是一个代号，但同样是身份和地位的一个象征。当我们把一个人的名字放在很高的地位上的时候，就是对他的一种肯定与尊重。如果对方感受到了我们的肯定与尊重，加上我们艺术性的语言与诚恳的态度，双方彼此的沟通一定会取得不错的结果。

3. 与众不同的面试

杰西是美国一家知名公司的经理，最近，他正忙于寻找一名优秀的推销员。

有一天，公司里来了一名面试者，他的名字叫吉姆。杰西仔细看了一下吉姆的简历，发现他之前做过好几份关于推销的工作，经验比较丰富。并且吉姆的个性非常随和，在各个方面都符合杰西的要求，于是杰西很希望他能胜任这份工作。

但是，就在正式面试马上就要开始的时候，杰西的助理将公司在推销方面的不足全部对吉姆讲了一遍，这使得吉姆对这份工作的热情全部丧失了。他立刻表现得无精打采。

看到这一情况，杰西开始有些担忧，他很希望吉姆可以进入自己的公司，但是他没有十分的把握将他留下。杰西向他大致介绍了自己的公司，并且告诉他公司有很大的优势，因为是单独的承包商。意思就是，如果吉姆愿意来公司工作，会享有很大的权力。

在杰西介绍完公司的优势后，吉姆又提起了对这份工作的兴趣。在之后的谈话中，他开始说出自己对公司优势的想法与见解，有时候还自言自语。杰西始终都在认真倾听。最后吉姆说，自己愿意在这家公司任职。

就这样，吉姆被公司录用了，他当然也没有辜负杰西对自己的期望，没过多久就成了一名非常优秀的推销员。

关于这件事情，杰西在之后回忆道："在面试的时候，我先点明公司的主要优势，再尽可能地让吉姆畅所欲言，将自己的想法全部表达出来。"

卡耐基情商艺术

有的时候，一句重要的话就可以赢得一场谈判的胜利。杰西的一句"我们是独立承包商"可以清楚地让吉姆明白自己日后的发展前景，所以成功让吉姆留在了这家公司。由此可见，说话是一门艺术，巧妙的话语是取得成功的关键。

4. 免费的维修

某年夏天，路易在自己居住的小镇上购买了一艘简易汽艇。他希望在自己空闲的时候能够开着汽艇去湖边欣赏风景，遇到好天气时还可以坐在湖边钓鱼。

汽艇到手之后，他就把它安置在了离湖边最近的一个简易废旧仓库里。但是令他措手不及的是，当天晚上，镇上下了一场瓢泼大雨，猛烈的暴雨造成了镇上严重积水，那个废旧的仓库被水淹了，路易购买的汽艇全部泡在了雨水中，发动机等很多重要的零件沾满了泥沙，无法正常工作了。

路易对这次的损失粗略地计算了一下，要是将这些坏掉的零件全部更换成新零件的话，至少需要 1000 美元。然而，不幸的是，路易并没有给这艘汽艇购买保险，商家也并没有任何的责任和义务来承担这次意外天气对汽艇造成的重大损失。

路易在寻找解决问题的方法的时候发现，虽然这次意外并不是商家的责任，但是，事实证明，汽艇内部零件的防水性能是非常差的，不然也不会导致很多零件损坏。于是，他决定亲自去找商家商议此事，希望可以共同研究出一个解决问题的方案。

在出发之前，路易想到，和商家吵架不是解决问题的方法，很大程度上还会增加问题的严重性。他想到之前自己在卡耐基培训班中学到的知识，决定友善地与商家说话。

到达汽艇销售办公室的时候，路易并没有直接说出自己的汽艇被雨水浸泡损坏的事情，而是说："您好，先生，请问您最近有没有关注热播的电视剧呢？我认为有几部非常有意思，像您这种经常公务缠身的忙碌人士，可以多看一些有意思的电视剧帮助自己舒缓压力。"汽艇销售的负责人立刻提起了兴趣，于是两个人就这一话题攀谈了起来，整个过程都非常愉快。

两个人谈了很长一段时间，在确定时机成熟了以后，路易说道："先生，我现在遇到了一些困难需要您帮我解决。我前不久在贵公司购买的游艇被大雨淹没，导致里面的零件全部损坏，不能再用了。这说明贵公司游艇的防水性能待改进。对这个问题，我能否得到一个解决方案呢？”销售负责人听了，对这个事件非常关心，他对路易说道：“路易先生，请您放心，这次给您造成的损失我们深表歉意，我们会给您一个满意的答复。”

几天之后，路易接到了销售负责人的电话，向他说明了自己公司汽艇零件性能方面的漏洞。为了维护客户的权益，他们愿意承担因此带来的一切损失。

就这样，路易先生愉快地处理了汽艇维修的问题。

卡耐基情商艺术

运用平和的语气说话是沟通中的重要法则。我们在与陌生人进行沟通的时候，一定要让对方感受到我们话语中的善意，让他们明白，我们与他们并不是敌对的。就算我们与他们之间存在某些利益上的矛盾与摩擦，也并不说明我们就因此不能用平和的语气沟通了。沟通是心和心之间的一种交流。因此，友善地说话，是开启对方心灵的钥匙。

5. 尖酸刻薄的承包商

德克拉是一名推销员，主要推销自己公司的铝管。

他们公司想与自己所在城市的一位专注铝管生意的承包商达成合作。这位承包商的业务范围非常广，人品也值得信赖。

但是，让德克拉烦恼的是，这位承包商的性格非常古怪，对客户的态度也非常尖酸刻薄，这让德克拉受到了不少刁难。德克拉曾多次登门拜访这位承包商，承包商每次见到他，都是一样的场景。他会坐在自己的办公桌旁叼着一根雪茄，不耐烦地说道：“我这里不需要你的东西，你赶紧走。”

德克拉就这样屡次失败。后来，他决定换一种说话的方式，于是，隔了几天，他又去找到了那名承包商，这次还没等承包商开口，德克拉就说道：“先生，我这次并不是来推销东西的，而是有一个请求，请问您是否愿意帮我出个主意呢？”

承包商没有想到这次德克拉不是来推销商品的，于是他产生了兴趣，说道：“那好吧，你说说看，我能帮上你什么忙呢？”

德克拉微笑着说道：“我们最近想在城市的中心开一家我们自己的公司，根据我的了解，您对市中心的熟悉度甚至超过了在那里居住的人。所以我们的这个计划需要您的建议。”

对德克拉的这个问题，承包商非常感兴趣。他将手中的雪茄熄灭，招呼道：“请坐，我认为我们可以进一步探讨一下这个话题。”

之后，承包商向德克拉说了市中心的大致情况，以及市中心未来的发展前景，甚至还与他分享了自己之前的业务经验。他对德克拉在市中心开公司的计划给予了肯定与赞扬。

就在当天下午，他们成了朋友。在德克拉马上要离开承包商的办公室时，承包商叫住了他，并从自己的皮包中拿出一张订货单，其后续价值是不可估量的。并且自从这次见面之后，德克拉每隔一段时间就与承包商一起打球、用餐、旅游，现在他们不仅是生意上的合作伙伴，还是生活中的好朋友。

现在提起这段难忘的经历，德克拉说道：“我之所以能与他成为朋友，是因为我在那次踏进他办公室的时候，换了一种说话的方式，让他不再反感和排斥我，才有了这次愉快的合作。”

卡耐基情商艺术

我们在现实中与人沟通的时候，要尽量说一些比较容易提起别人兴趣的话题。适当的时候，要学会改变自己的说话方式，用一种全新的语言去与对方沟通，这样对方才会把我们所说的话听进去。

6. 一把雨伞

王伟每天都要乘坐 34 路公交车去上班，最近一段时间，他发现有一位长得很漂亮的女孩总是与他同时乘坐这趟公交车。

渐渐地，王伟对女孩产生了好感，但是苦于没有机会向女孩表达自己的情感。

有一天，天气很热，美女拿着一把太阳伞上了公交车，这次她就坐在王伟的身边。王伟心里异常激动，脸不自觉地红了起来。

一路上，王伟都想和女孩搭讪，但都苦于找不到话题，很快，就到了女孩下车的地方，这时，王伟的机会出现了。

原来女孩把太阳伞忘在了车上，王伟赶紧拿起太阳伞，下车去追那名女孩。他走到女孩的面前，双手捧着太阳伞递到她面前，说："您的太阳伞落在了车上，这么热的天，可能会晒伤。"

女孩被王伟的贴心打动了，对王伟也产生了好感。

一来二去，两人发展成了恋人关系，最后走进了婚姻的殿堂，组建了一个幸福的小家庭。

而那把太阳伞也被他们珍藏了起来，因为那是他们爱情的见证。

卡耐基情商艺术

在和他人沟通的过程中，总是会遇到难以启齿的时候。这个时候，我们要抓住身边一切可以利用的机会，去争取沟通的主动权，从而达到自己的目的。这也是沟通中高情商的表现。

7. 林肯的号召

在美国南北战争时期，很多民众对日后国家的发展方向感到迷茫，没有安全感。同时，很大一部人对战争的原因也并不了解。

当时的美国总统林肯先生运用演说、会谈、著作的方法向民众传达"美国应该怎样继续存在"。

林肯先生不论到哪里去，都会运用一切机会一再向民众强调美国的立国基础是对国家的热爱，对人民的尊重，对正直、价值、理想的追求。

林肯先生不仅在街上向民众宣传，还亲自前往战争的前线，鼓励那些为国家做贡献的战士，并且为他们带了大量的慰问物资。

他鼓舞那些士兵："为了使我们这个自由民主平等的国家中的每一名民众都能为自己的辛勤、智慧、奋斗赢得一个绝对公平的机会，为了权利平等，实现自己的人生追求，我们必须要在前线继续奋斗，保卫我们的国家！事实上，我们应该不顾一切地奋斗！因为我们的国家值得我们去奋斗！”

这些发自内心的话起到了很好的作用，不仅感动了在场的每一个人，还鼓舞着人心，让人们不放弃保卫自己的国家，重拾信心。

卡耐基情商艺术

在我们演说的时候，怎样才能做到一呼百应呢？这就要求我们用得体的语言与人交流。只要语言中听、得体、真诚，表达出我们内心的热情与期盼，便可以起到感召人的效果。

8. 孩子与花生

里兰·斯托先生一生专注于慈善事业。他经常为一家偏远地区的儿童医院募捐，帮助那些需要关爱的生病的小朋友。

他是以什么样的方式去为他们募捐呢？

里兰·斯托先生曾经发表过这样的演说：

“我这辈子都不希望再见到这样的情景了：‘一个小朋友与死亡之间只隔着一颗小小的花生米的距离。’大家想想看，世界上还有比这更难过的事情吗？有一天，你在被炸得千疮百孔的雅典的某个居住区中，听到了一群孩子凄惨的声音，看着孩子们那一双双透露着哀伤的眼睛，你会觉得更加伤感。

“在我的记忆中，最让我印象深刻的是一罐花生米。当我用力打开那罐花生米时，一群穿着破衣烂衫的孩子们将我紧紧地包围了起来，有的孩子瞪着大眼睛盯着我，将手伸了出来；还有一些是孩子的母亲，怀里还抱着乳臭未干的婴儿，抢我手中的花生……她们甚至把自己的孩子伸向我，孩子瘦小的小手不停地颤抖着，而我只能拼尽全力使我手中的每颗花生米都发挥最大价值。

“我瞬间感觉自己被成百上千双手包围着。数不清的手伸向我，数不清的脸乞求我。我面对的是一双双充满了哀求的眼睛，眼神又仿佛透露着一丝希望的光芒。我沮丧地站在那里，手里只剩一个空空的罐子……

“你们知道吗，那一刻我多么希望面对着他们的不是我。”

这段感人的演讲发表完，在场的听众纷纷主动进行募捐。

卡耐基情商艺术

谁会在听完这些真诚的话之后不为之动容呢？无论在生活中还是工作中，真诚都是制胜的法宝。真诚的话语胜过一切华丽的修饰。

9. 荒谬的懒汉

有一个懒汉去朋友家做客。第二天早晨起床之后，没有收拾自己的床铺。当他的朋友帮他收拾整理的时候，那个懒汉不但没有感到愧疚，反而嘴里振振有词地说道：“反正晚上睡觉的时候还会用，现在收拾好了有什么用处？”

吃完早餐之后，懒汉又将自己用过的碗筷随手一放，就转身离开，去沙发上看电视了，于是朋友只好替他收拾碗筷。懒汉又说道：“反正吃午饭的时候还会继续用，现在收拾这些做什么呢？”

晚上睡觉前，朋友想要懒汉泡一泡脚，告诉他这样既可以消除疲劳，还能讲究卫生。结果懒汉又想继续偷懒，说道：“反正今天洗干净了明天还会脏，为什么要洗呢？”这位朋友已经不能再忍耐了，想要惩罚这名懒汉。

第二天吃饭的时候，朋友只拿了自己的碗筷和餐食，当懒汉不存在。懒汉来到了餐桌边，发现没有自己的碗筷，于是大声喊道：“为什么没有我的饭？我的餐具呢？”这时候朋友说：“反正现在吃完了晚上还是会饿，何必要去吃呢？”晚上睡觉的时候，朋友也一样只是做自己的事情，没有理懒汉。懒汉这时候实在忍不住了，说道：“我要睡在哪儿呢？”朋友回答道：“反正现在睡了明早还要起床，何必要去睡呢？”懒汉听了非常焦急，说道：“我不吃、不睡，还不如死了。”朋友立刻说道：“是啊，反正活着总归有一天是要死的，还活着干什么呢？”

懒汉没话说了。

卡耐基情商艺术

我们在遇到类似事情的时候，一定要紧紧抓住对方逻辑中的荒谬之处，以其人之道还治其人之身，使对方最后哑口无言。这种方式可以专门惩治那些刁钻狡猾的人以及经常耍赖之人，往往可以使对方作茧自缚。

10. 直击要害的说服

美国的约翰·强生是一位著名的大企业家。

20世纪60年代，他计划在芝加哥为自己的总部盖一座新的办公大楼。为了实现这个目标，他咨询了美国无数家银行，但是没有一家愿意为他做这种大额度贷款。于是，他有一个很大胆的想法，他想办法自己凑了200万美元，然后用这笔钱请来了一位承包商，要他完全按照他自己的喜好和想法去盖这座办公大楼，再去筹措剩下的500万美元。

建造就这样开始进行了，当手中的钱所剩无几的时候，约翰碰巧与一位大都会人寿保险公司的主管共进午餐。于是他拿出了自己笔记本中的那张蓝图，想让他对自己的项目产生一定的兴趣。但是出乎意料的是，当约翰刚把图纸拿出来的时候，主管说道："这里不方便，明天来办公室找我单独谈一谈吧。"

次日，当这位主管判断大都会公司非常有可能为他提供抵押贷款的时候，约翰说道："非常好，但是眼下最紧张的一个问题是，我今天就要拿到贷款的承诺。"

"不，你一定是在说笑话，我们之前从来没有遇到过像你这样的特例。"主管说道。

约翰将自己的椅子又拉近了一些，说道："你是这个部门的主管，是这个部门的总负责人，只有你才有权力督促这些事情在一天之内全部干完。"

主管露出了笑容，说道："你不用担心，我试一试。"

后来，事情进行得非常顺利，约翰在自己的钱快要花光之前，拿到了贷款。

卡耐基情商艺术

在人际交往中，往往会遇到需要我们说服别人的时候。有时候，需要我们直击要害，适度地用一些巧妙的激将法。

11. 卡耐基先生的让步

卡耐基先生的住处到森林公园只有一分钟的距离。

春暖花开的时候，这个森林公园生机勃勃。卡耐基先生经常带着他那只小波士顿斗牛犬一起来散步。这只小斗牛犬性格非常温柔，不会伤及他人。于是卡耐基先生从来不给它佩戴链子、口罩等护具。

有一次，他们在公园里散步，没过多久，看到了一位骑着马的警察。这位警察看到了这只小斗牛犬的时候，迫不及待地想要行使他作为一名警察的权威。

于是他态度有些强硬地说道："你为什么要让你的这只宠物狗随意地跑来跑去，还不给他佩戴链子和护具呢？"说罢，他又强调了一句："你难道不知道这样做是违法的吗？"

"是的，我非常清楚，警察先生。"卡耐基和善地回答，"不过警察先生，我认为我的狗非常温柔，也很听话，我觉得它不会在这里咬人。"

"我想这不是你认为不认为的事情，法律是不会在乎你是怎么认为的。这只狗没有戴链子和护具，很有可能咬伤公园中的小动物，还有可能伤到小孩子。不过这次看你态度比较好就算了，下次再让我看到你的狗没有链子也没有戴护具就出现在这里的话，你必须跟我回去向法官大人解释。"

卡耐基先生客气地表示以后一定会照办。

后来卡耐基先生真的照办了，但是雷斯不喜欢口罩，于是卡耐基先生想要碰碰运气。结果有一次，雷斯直接向那位警察冲了过去。

卡耐基先生知道大事不妙，于是先发制人地说道："警察先生，这次我的确有罪，我没有什么可说的了，您按规定罚我吧。"

"好说。"警察这次没有发火，说道，"我知道，要是在没人的时候，谁都想带这样一只可爱的小狗出来遛弯。"

“的确是忍不住，”卡耐基先生说道，“但是这是违法的行为。”

“但是像这样的小狗应该不会伤到人吧？”

“不，可能会伤到森林中的一些小动物。”

“并没有，我觉得你想得有些严重了，你完全可以将它带到远处我看不到的小山坡上去晒太阳。”警察说道。

卡耐基情商艺术

在社会交往中，自己的错误被人发现的时候，抢先一步道歉，主动承认自己的过失，对方更容易平息怒火，与我们达成协议。因为每个人的内心其实都渴望自己被重视，这样让步的说话方式可以让对方有被重视的感觉，从而会对我们产生认同。就像人们常说的：“退一步的目的是进两步。”

第六章 06

如何训练自己成为社交达人

第一节 卡耐基告诉你如何成为社交达人

1. 记住他人的姓名

生活中与陌生人社交的时候，因为对对方的了解非常少，我们不知道对方的爱好，也不知道对方的性格是什么样的，所以能做的事情是非常有限的。假如冒冒失失地去与对方交流，很有可能闹出一些笑话，同时也是不尊重对方的一种表现，甚至还会成为以后沟通的阻碍。那么到底应该怎么做我们才能快速、顺利地与对方进行交流呢？

卡耐基先生总结出来的经验是：记住对方的名字。

我们每个人都拥有自己的名字，卡耐基先生认为，大部分人对自己的名字很敏感。生活中，倘若能记住陌生人的名字，并且面对他们的时候可以把他们的名字准确无误地叫出来，代表着对对方的一种尊重，还包含欣赏的意味。这是彼此之间建立友谊的一座桥梁，并且有助于日后良好沟通关系的建立。

假设我们没有记住对方的名字或者在公共场合将对方的名字叫错，不仅会闹出笑话，还会让彼此的关系变得尴尬，同样也是对对方的一种伤害，给沟通带来不利影响。

卡耐基先生的好友张伯伦先生告诉过他自己为美国总统罗斯福送汽车的经历。

罗斯福定制过一辆特殊的汽车，是由克莱斯勒公司制造的。汽车制造完后，张伯伦与技工一起将汽车带到白宫送给罗斯福总统。罗斯福的工作是非常繁忙的，但是他不仅亲切地接待了他们，还清楚地叫出了张伯伦的名字，这让张伯伦觉得不可思议，并且感到非常欣慰。公务缠身的总统记住了自己的名字，令他很感动。

记住别人的名字，能更快地将人际关系建立起来。在人际交往中，是得到别人好感的最直接、最核心、最简单的办法。在这个基础之上，沟通时的阻碍就减少了。

2. 说话幽默，会使你魅力倍增

我们在人际交往中，难免会遇到尴尬的情境。这个时候，幽默就是最好的润滑剂。运用幽默的语言打破僵局、化解尴尬，不仅可以为沟通创建一个好的氛围，也可以提升自身的魅力。

卡耐基先生指出，沟通中我们会遇到与他人意见不能达成一致或者是对方故意刁难的现象，这是不可避免的事情。那么如何化解这样的局面呢？卡耐基先生告诉我们的方法是：善用幽默的语言。

大家一定有过这样的感受：在我们焦急的等待中、疲惫的长途旅行中、劳累的工作中，一句幽默的话、一个好笑的笑话，都可以使自己瞬间忘记疲惫，露出笑容；在搭乘拥挤的公交车的时候，因为人非常多，发生一些争吵和产生矛盾是不可避免的，有的时候无论乘务员怎么维持秩序，怎样喊“不要拥挤”，都不会起作用。

但是就在这个时候，车上有人说：“不要再挤了，再挤就把我挤成照片了。”大家听到这样的话，那些不满与不良情绪立刻烟消云散。这个时候，幽默作为润滑剂，调解了紧张的人际关系。

幽默还可以自我解嘲，提升自己的魅力。在一些大型的公共场所演讲、演出的时候，有时会遭遇一些比较尴尬的处境，假如可以用一些幽默的话语解嘲，将尴尬化解，就可以使自己从困境中走出来。

英国的一位著名的钢琴家去一个陌生的国度举办音乐会。

当这位钢琴家走上舞台的时候，他才看到，观众席上的观众人数很少。

钢琴家见到这样的一番情境非常失望。但是他并没有放弃，而是重新振奋精神，树立起自信心。他走向舞台的脚灯，对着台下的听众说：“我想这个城市一定经济水平非常高。因为我看到你们在座的每个人都买下了整排座位的票，很感谢你们为我的音乐会包场。”

音乐厅里响起一片响亮的笑声。为数不多的观众立刻对这位钢琴家产生了好感，并且将他的名字深深地记住了。于是大家都聚精会神地开始欣赏他美妙的钢琴演奏。

这位钢琴家不仅用幽默的语言改变了自己的处境，还赢得了大家对他的肯定与赞赏。

有一句谚语是这样说的：“笑是力量的亲兄弟。”这是很高的处世艺术。这位钢琴家正是在自己难堪的处境中，非常恰当地运用了这种艺术，收获了好的效果。我们所在的世界上，每个人追求的梦想与道路都是不相同的，每个人的人生观与价值观是不一致的。选择以幽默的态度对待人生才是聪明人的做法。

在当众辩论、演讲致辞，社会交往等活动中，都需要展示自己的幽默感。这样的场合中，一句恰到好处的俏皮话，立刻会让你和听众之间的距离缩短，赢得好感；几句对付难题的机智问答，不但会使自己一下子摆脱困境，还会展现美好的自我形象，获得人们的同情和赞美。

所以，在许多国家，不仅总统有幽默顾问，社会各界人士还创办各种新奇的报刊、活动和组织，如幽默杂志、幽默协会、幽默俱乐部、笑话公司、幽默诊所等，人们可以借此消除疲倦，增进健康，松弛绷紧的心弦，开展社会交往活动。

第二节　社交达人的成功案例

1. 微笑的力量

美国的希尔顿饭店全球闻名，享誉世界。希尔顿酒店的董事长唐纳·希尔顿认为，他们的成功源于微笑。

那么，为什么希尔顿认为微笑这么重要呢？

很久之前，一位老妇人去拜访希尔顿，不巧的是，那天希尔顿的心情非常烦躁。他不耐烦地将头抬起来，看到的却是老夫人微笑的脸。他瞬间感受到这张微笑的脸仿佛隐藏着一股不可抗拒的力量，于是希尔顿立即请她坐下来，两人攀谈起来。老妇人脸上真诚的微笑感染了他。

后来，他把“微笑服务”作为饭店的宗旨。每当他在世界各地的希尔顿饭店视察的时候，总会问员工一个问题：“今天，你对客户微笑了吗？”

你去任何一家希尔顿饭店，都能亲身感受到希尔顿式的微笑。

对此，唐纳·希尔顿总结说，微笑是最容易、最可行、最省钱，也是每个人最容易做到的事。最重要的一点是，微笑可以建立与人沟通的桥梁。因此，他要求自己的员工无论多么辛苦，受了多大的委屈，都要记得对客户微笑。

20 世纪 30 年代，美国出现经济“大萧条”。当时各个行业的工作人员都愁眉苦脸，然而希尔顿的员工仍然微笑着与每一位顾客交流。

“大萧条”过后，希尔顿饭店第一个走向了繁荣。也许正是因为希尔顿的员工用自己的微笑感染了顾客。

卡耐基情商艺术

就像希尔顿说的那样，没有人会随随便便拒绝一张微笑的脸。笑，是每个人从婴儿期起就具备的本能行为。真诚的微笑是社交中的法宝，也是社交的最高艺术。

2. 负责人的坚持

某家大型酒厂前不久刚刚研发出一种新式的水果酒。为了能尽快将产品打入日本市场，他们决定请求社长批准大量生产这种酒，以数量换价格。

研制出这种新型水果酒的负责人去找社长，说道：“社长先生，我们又研制出来一种全新的水果酒，是在之前的基础上创新研发出来的。这款产品是前所未有的新发明，我们认为一定可以成为水果酒市场的爆款。这款酒是按照年轻人的喜好设计研发的，连我都爱不释手。”

“什么样的新产品？”

“我们把上好的梨做成梨汁酿制白兰地酒。”

“你说什么？用梨汁酿成的白兰地酒？你觉得这样的东西谁会喝呢？你难道不知道喝白兰地酒的人本来就很少吗？更不要说是用梨酿制的白兰地了……我一定不会去喝。这是行不通的。”

“您不要这么早下定论，希望您可以再对我们的产品多进行一下评估。据我对现在酒品市场的了解，用梨汁酿酒的人不多见但极具市场前景，加上梨有独特的水果香味，一定很受大众欢迎。”

“我觉得还是不行。”

“可是社长……我认为这款一定会卖得非常好，希望您还是可以考虑一下。”

“你怎么这么聒噪？我说过不行就是不行，不要再说了。”

“社长，您可以试着尝一下再下定论，这是我们花费好久的时间才研制出来的。”

社长见这个年轻人一再坚持，只好试了一下，果然味道不错，于是说道：“好吧，年轻人，我就给你一次机会，准许多生产一些。但是一定要保证酒的品质还有销量，如果出了差错就拿你是问。”

“好的社长。太感谢您了，我保证我会很好地完成这次销售。”

酒厂的负责人就这样得到了一次很好的机会。用梨酿成的白兰地果真得到了大众的好评，在日本的酒品市场非常畅销。

卡耐基情商艺术

可能有的时候，正是因为我们内心的这种坚持，这种想要达到目的的决心，可以将对方打动，从而使我们得到一次宝贵的机会。沟通时难免会有失败而失去机会的时候，但是要有决心，不要放弃，直到找到出口为止。

3. 苏格拉底的启示

古希腊时期著名的思想家和哲学家苏格拉底有着非常出众的才华和能力，并且在演讲和辩论方面有着非常卓越的成就。此外，他还非常喜欢与年轻人沟通，乐于帮助他们解决生活中遇到的难题与疑惑。

有一次，一个年轻人向苏格拉底问了一些哲学方面的问题。苏格拉底听了他的问题，并对他做了一系列的了解之后，觉得这个年轻人实际上对哲学并没有什么深入的见解，只是对哲学表面的皮毛有些细微的认识，就想成为一位哲学大师。

苏格拉底没有说话，而是带着这个年轻人到了河边，一抬手，竟然将这名年轻人推进了河里。一开始的时候，年轻人以为是个玩笑，并没有对这件事情非常在意。但是没有想到的是，随后苏格拉底自己也跳进了水里，并且用力地把年轻人往水中按，年轻人感到害怕了，这才意识到自己面临着危险。于是他拼了命地反抗，用力地将苏格拉底推向一边，回到了岸上。

年轻人非常不解地问："您为什么这样对待我呢，老师？"

苏格拉底用力甩了甩身上的水，说道："我没有什么恶意，只是想要警醒你，不管面临怎样的场面，都要有求生的决心，这样才能取得真正的成功。你之所以在哲学方面出现这么多的问题，就是因为你并没有用功读书，你这样的态度是不会成功的。"

年轻人听了苏格拉底的话后，意识到自己身上还存在很多问题，也知道自己的确没有好好读书。于是，在之后的日子里，他发奋读书，勤奋学习，变成了一个非常有能力和有才华的人。

卡耐基情商艺术

其实在社会交往的过程中，充满正能量的沟通可以激发人的进取心和责任感。这种正能量在现实生活中有着非常重要的意义。它不仅可以使一个人塑造优秀的精神品质，还可以提升沟通的质量，为我们提供精神力量，从而促成成功的、正能量的社交活动。

4. 文思先生的待客之道

文思先生在刚刚开始做业务员的时候，对客户的需求还不是很了解，因此经常会遭到客户的拒绝。这样的情况使他非常焦急和委屈，不知道该如何去做才能改变。

后来有一次，文思先生从那些资历比较深的老业务员口中得知，平时一定要尽量多与客户见面，多聊一些话题，在一开始与客户接触的时候不一定立即做生意，可以只是单纯地见见面，聊聊天。文思先生心想：既然是和客户见面，不谈生意的话还能说些什么呢？

但是经过一段时间后，文思先生逐渐摸清楚了其中的规律。

文思先生在之后与客户的见面中，总是去找一些有趣的话题，或者在谈话的过程中找到与客户有共同语言的一些话题。这些共同话题使文思先生与客户的关系越来越密切，久而久之，自然而然就达成了一种默契。这样，他与客户之间的话题越来越多，他们见面的机会和次数也越来越多。

后来，文思先生与很多客户成了朋友，生意做得越来越成功，他自己也因此得到了很多业绩和奖金。

卡耐基情商艺术

在社会交往中，人与人之间的相处看起来非常烦琐复杂，但其实质非常简单。有很大一部分人觉得，与人建立交情是非常困难的一件事情，因为有很多感情建立起来是十分不易的。但是只要待人真诚，心中有目标，就很可能与特定的人建立交情。

第七章 07

如何巧用情商轻松办事

第一节　卡耐基告诉你如何轻松办事

1. 礼貌为先

在我们与各种各样的人进行沟通的时候，难免会产生一些观点上的分歧甚至矛盾。面对这样的处境，使用礼貌的语言要比采取任何莽撞的行为有用得多。多一些礼貌可以更容易使双方的观点达成一致，使问题得以解决。

卡耐基先生说过："人们通常不愿意改变自己的想法，因此我们不能勉强或者迫使对方与我们的观点一致。但是如果我们礼貌地对待对方，那么我们或许能够引导对方与我们的意见趋向一致。"

所以说，礼貌是人际交往的前提条件，也是解决问题的钥匙。如果你想要与陌生人更好地进行沟通，一定要礼貌对待他们。

K 先生去年购买了一辆新车。但是令他感到愤怒的是，这辆崭新的汽车不到两个月就已经送到修理厂三次了。他想找到汽车公司的负责人，训斥和指责他们，为自己讨回公道。但是很快他意识到，这样的行为并不能很好地解决他面临的问题。

后来，在汽车进行第四次维修的时候，K 先生去了当时选车的销售大楼，找到了汽车公司的老板皮特先生。没多久，汽车公司的服务人员就把 K 先生带到了皮特先生的办公室。

见到皮特后，K 先生先礼貌地将自己介绍了一番，然后向皮特说明自己买皮特公司的汽车是受了一个朋友的推荐。他们都觉得皮特公司的汽车质量好，价格优，服务很是周到和专业，是很值得信任的。皮特先生非常开心。

K 先生对皮特说道："我一直都觉得你们的公司很好，你一定也很重视自己公司的名声和形象地位。"皮特说："那是当然的。"

于是 K 先生立刻将自己买了车之后所出现的所有问题向皮特详细地

描述了一遍。皮特感到非常惊讶和抱歉，并向K先生保证一定会为他解决问题。

最后，K先生汽车的问题得到了彻底的解决。并且在汽车进行维修的时候，皮特把自己的私家车借给了K先生。

如果K先生采取了粗暴的方式去解决这件事情，那么对方一定会被激怒，问题不会得到解决，皮特先生也根本不可能把自己的私家车借给他。

粗暴的手段就像定时炸弹，不可能解决问题，只会燃起双方的怒火。如果我们可以让自己冷静下来，理性地讨论和分析解决问题的方法，或许我们会发现，其实问题并没有我们想象的那么严重。

一天，D夫人在家中开派对，邀请了几位自己要好的朋友参加，她希望这次派对可以成功举办。不过意外发生了，派对当天的晚餐准备得很糟糕，因为管家安娜有事情外出了，找了家中的一名侍者来顶替她。更加糟糕的是，这位侍者并没有组织过派对，对要准备的东西也没有做任何的了解，于是派对举办得非常失败。

D夫人非常愤怒，她想找到自己的管家安娜然后将她狠狠地呵斥一顿。但是当D夫人冷静下来之后，觉得呵斥安娜并不能解决任何问题，反而会让安娜更加讨厌自己，这样安娜就更不愿意再为她做事了。

次日，D夫人将安娜叫了过来，准备问一下前一天她离开的原因。安娜想到了自己的下场，于是始终板着脸，似乎是想要与D夫人打一架。

冷静的D夫人并没有呵斥安娜，而是礼貌地对她说道："我知道你是一位很负责任的管家，你很优秀，昨天我的派对如果你能参与，一定可以进行得非常成功。你没能参与，我很遗憾，不过昨天的晚餐食材不是你挑选的，饭菜也不是你烧的，一切的准备工作你都没有参与，所以派对失败没有你的责任。"

D夫人的话使安娜很意外，她一下子放松了下来，说道："夫人，我感到非常抱歉。厨师所选择的食材和定下的菜品实在是太糟糕了。按说这不是我一个人的错，但是没能参与准备我非常懊悔。"

D夫人立刻礼貌地说道："安娜，我希望你可以记住这次的事情，下次不要再发生了。一周之后，我还会邀请朋友们来家中与我共进晚餐，这次我们要做好充足的准备。"

安娜立刻回答道："好的，我会倾尽所能为您和您的朋友们准备一桌丰盛的晚宴，并且把家里布置得非常漂亮。"

最终，在朋友们到来之前，安娜与D夫人共同策划了晚餐的菜色，并且对家进行了精美的布置。

D夫人的礼貌化解了自己与管家安娜之间的矛盾，这就是本书说的沟通的艺术。如果你想要获得与陌生人沟通的秘籍，如果你想要陌生人尊重你的观点，那么就请记住卡耐基先生说的"礼貌待人"。

当你学会礼貌对待别人的时候，你就学会了冷静处理与人沟通时所产生的矛盾。

2. 注重穿着

"佛靠金装，人靠衣装。"

我们在参与社交活动的时候，着装的确有着举足轻重的作用。找过别人办事的人一定知道，一个人的衣着能否给人留下好印象，是影响事情成败的重要因素。我们可以想象一下，假如一个穿着破破烂烂、衣冠不整的人和一个穿着得体大方、整洁利落的人一同站在你面前，你会有怎样不同的感受呢？

我想在大部分的情况下，穿着整洁大方的人会占绝对的优势，衣衫褴褛的人更容易遭到拒绝。尤其是我们到一个从来都没有去过的地方参加社交活动的时候，给人留下好印象是非常重要的一件事情。因此，在出席社交活动之前考虑自己的着装问题是十分有必要的。

在社交活动中，一个人如果拥有一套好的衣着，不仅抬高了自己的身价，彰显了自己的能力，还会增加自己在与人交流时的自信心。当你的衣貌与别人相比略胜一筹时，谁不会多看你两眼呢？

注意着装不仅可以给人留下深刻的印象，同时也会增加成功的概率。所以，在着装方面多花费些时间，多下点功夫，会让你在社交时事半功倍。

3. 巧用关系网

关系是感情上的一种融合和利益上的一种联系。联系可以为我们铺路，而利益的存在，可以更好地使我们达到目标。因此，关系自古以来就一直深受大家的重视。因为倘若在某一个环节中，关系出现了问题或者是存在与相关人员的矛盾，那么可能会使我们的利益受到损害，甚至会影响我们以后的事业。

戴维虽然很年轻，但是他已经成立了自己的广告公司。他之所以能与广告界产生联系，起因是他曾服务于纽约知名的广告公司路斯莱思。

那时候戴维 27 岁，在一家公司里担任副总经理，他年薪 10 万美元，拥有一个单独的办公室，公司上下对他也都十分尊敬。

不过他一直希望可以成立一家自己的公司，觉得必须要“趁热打铁”，假如再不开始实现自己的梦想，很有可能错过最佳时机。于是，就在 27 岁那年，他辞去了很多人求之不得的职位，全力投入自己的事业中。很多朋友很担心他并劝他放弃，因为广告这个行业竞争非常激烈，除实力和底子比较厉害的大企业外，小的广告公司很难站稳脚跟。但是戴维并没有因为旁人的劝阻而放弃，他在过去所积累的人际关系网在这次的创业中大部分派上了用处。

一般来说，广告业与其他行业相比更注重关系网，当然也更重视人缘，甚至可以说，广告业是在人际关系网的基础上发展起来的，想要维持下去必不可少的因素就是关系。因此，公司职员们过去的人际关系便能产生极大作用。

戴维是很多家公司的代理，信誉在业界非常高，并且他在各个方面的关系都非常可靠。所以，他自己的公司刚刚开业，便有很多厂商指名要他做代理，这使他的公司很快就步入了正轨。

五年后，他的公司也壮大起来，全国各地都有他们的客户，其中可以维持公司业务的大客户有十余家。同样，戴维本身所具备的专业水平以及说服力都是他建立更广阔的关系网的基础。

戴维就这样利用他强大的人际关系网取得了事业上的成功，但是他是不是就满足于现状了呢？并没有。他又创立了一个俱乐部，是广告业友人聚会的商务场所。只要是他的会员，在业务上出现任何困难，都可以在他们的俱乐部展开讨论或者请别人提出意见。俱乐部的会员中，有广播业、广告业、出版业等行业的人，很多社会上出类拔萃的业界精英会在这间俱乐部中出现。

在自己的俱乐部中，戴维认识的人越来越多了，人际关系越来越好，事业也跟着蒸蒸日上，公司越做越好。

戴维之所以能在短时间内取得事业上的成功，在很大程度上是借助他的关系网。我们每个人身边都有各种各样复杂的人际关系，如果我们能把这些关系处理好，这个关系网就是伴随我们一生的宝藏。

“生时靠人带，死时靠人拜”，关系对我们所处的社会而言，是取得成功最为关键的因素。美国一位著名心理学家曾经说过：“世界上任何两个人，最多通过六个中间人即可相识并且建立起关系。只要在关键时刻找到关键的人，事情就成功了一半。”

在我们日常的工作和学习中，懂得了建立人际关系的学问，就很容易与人建立起牢固的关系网，为以后的发展奠定坚实的基础。

4. 借助他人的力量

狐狸最聪明的动物之一，由于比较瘦小，因此在自然环境中它的处境非常不利。要将这个缺点克服掉，唯一的方法就是与比自己凶猛强大且在森林中有着较高威望的猛兽成为朋友，符合这些条件的对象之一就是森林之王——老虎。狐狸可以伴随老虎左右在森林中徘徊，凭着自己与老虎建立起来的“友谊”，即使老虎不在狐狸身边，这样一种关系的存在也可以保证狐狸在森林中很好地生存下去。

即使狐狸与老虎并不相识，不能成为朋友，这只狐狸也可以制造出一种自己与老虎熟识的假象，以便于树立自己日后在森林中的地位。

这就是狐狸的生存法则，同样适用于我们人类。尤其是在我们的人际交往之中，我们可以适当用用“狐狸的把戏”，借助“大人物”的影响力与名义办事情，会更加高效。

卡耐基先生曾说过：“在自己的力量还不够强大的时候，借助他人的力量，是走向成功的捷径。”

萨洛蒙·安德烈是瑞典著名的探险家。他为了收集北极圈内的科学研究数据，破解地理上的秘密，组织了一次北极的探险之旅。

1895 年，经过周密的准备和计划，安德烈在瑞典科学院正式说明自己要出发去北极探险的计划。在这之前，他在美国学习过一段时间，学习的内容包括航空学的理论，还制作过飞艇，他所尝试的飞行实验在美国和英国都产生了很大的轰动。但是重要的问题来了，那就是经费。因为人们对这次探险的不信任与冷漠的态度，提供旅费和赞助费的人少之又少。

安德烈为此四处奔波，跑遍了当地所有的富商家，但是谁愿意投资一个未知的项目呢？谁又愿意为一个陌生人提供赞助呢？安德烈得到的只有身体的疲惫和精神上的失落。

就在他接近绝望的时候，终于有一位善良的大企业家表示愿意为这次探险提供赞助，希望这次的探险计划可以得到全世界的关注，否则，千辛万苦准备的探险就不具备任何意义了。

安德烈认为他的建议非常有意义，于是经过一番讨论，他决定去募捐，目的是扩大影响力。尽管安德烈想尽了办法，甚至跑遍了全城的各个角落，人们的态度依然非常冷淡。后来，他做了一个大胆的决定：把自己要做的事情写成了一篇很长的论文，然后用大量的证据论述了此次旅行的目的和对人类的意义，然后他把论文交给了那位企业家，请他想办法交给国王。

不久之后，国王看到了安德烈的论文，他对这个伟大的计划充满了期待，于是让安德烈去见他，询问了一些具体的情况。两个人非常投缘，最后安德烈还要到了国王的赞助，国王爽快地答应了。

后来全城都知道了这个消息，新闻界也对国王进行了采访。很多名流和商界的富豪得知国王对此行感兴趣，于是纷纷开始了解这个计划。不久大家都明白了此次探险的意义所在，于是这个探险项目变成了一个公共项目。就这样，安德烈成功了。

安德烈巧妙地借助国王的力量达到了自己的目的，这是一种很好的策略。他正是用了国王的名义，才使自己的探险计划得以成功地进行下去。

所以我们在现实中办事情的时候，不妨用“狐狸的方法”去换取别人对我们的帮助，这样会更加有利于事情的发展。

借助他人的名义和力量是成功的一个捷径。在我们自己的力量还没有积累得足够强大的时候，借助他人的力量往往更容易取得成功。对一个人来说，想要进一步地完善与发展，借用他人的力量是不可避免的。

俗话说：“一个篱笆三个桩，一个好汉三个帮。”假如一个人不会巧妙地借助他人的力量去办事情，任凭自己孤身一人、单枪匹马地闯天下，那么想要达到自己的目标是很难的一件事情。

5. 抓住时机

卡耐基先生说过：“我们大多数人的毛病是，当机会朝我们冲奔而来的时候，我们兀自闭上眼睛，很少有人能够去追寻自己的机会，甚至在绊倒时，还不能见着它。”

在我们的生活和工作之中，无论是求人帮助我们办事情还是与人进行沟通，把握好时机是非常关键的。当我们对对方有了一个充分的了解之后，等到了合适的机会，就应该马上把握住。这个时候犹豫是最不可取的行为，因为很有可能你一犹豫就错失了绝佳的机会。因此，在合适的机会来临之时，只有紧紧地将机会抓住，才能迅速达到自己的目的。

1955 年，在美国西部美丽的城市西雅图，比尔·盖茨出生了。他在只有 11 岁的时候，就被送到西雅图一个非常著名的私立学校读中学。

而这个时候，计算机已悄然兴起了，比尔·盖茨所在的湖滨中学花费巨资为学生们购置了一台计算机，目的是让学生们学习、了解它。聪明好学的比尔·盖茨很快就对计算机的研究陷入痴迷。

1973 年，盖茨被世界著名大学哈佛大学录取。这里聚集了世界各地的优秀学生。

1974 年，第一台个人计算机出现的时候，把比尔·盖茨的全部激情都吸引了过来。他做了一个大胆的决定，就是从哈佛退学，让自己投入这场计算机的浪潮之中。因为这对他来说是一个千载难逢的好机会。

1975 年，盖茨与他的好朋友保罗终于成立起属于他们自己的公司。他们给公司取名为微软公司。当时，微软还没有形成很大的影响，也还没有取得卓越的成就，但是盖茨以及他的朋友保罗在计算机业界早已小有名气了。

1981 年，IBM 公司作为最大的计算机公司，正式展出了他们所研发的新型个人计算机，这个举动的影响力在当时是巨大的。而更吸引人们关注的是，为 IBM 公司提供语言程序的正是年轻的盖茨领导下的微软公司。经过他的不断研究与努力，微软最后取得了胜利，在 IBM 个人电脑问世之后，微软正式成为个人电脑软件方面的领导者。这时候的比尔·盖茨只有 26 岁，却一夜成名。

就这样，比尔·盖茨到达了自己事业的巅峰。

机会并不是每个人都有的，也不是谁都能抓住的。而比尔·盖茨是幸运的，当属于他的机遇来临的那一刻，他能够紧紧地抓住，并且很好地利用了“计算机”这个千载难逢的机遇，从而使自己取得了事业上的成功。这种抓住时机实现自己目标的方式是高明至极的。

一个人能否将一件事情办好，除了依赖一点自己的运气之外，机会的作用也是不可估量的。勃朗宁曾经说过：“良机只有一次，一旦错失，就再也得不到了。”

小美在一家外企担任了多年的人事经理，收入还算稳定，但已经没有了任何发展的空间，这时，一家管理公司向她伸出了橄榄枝。

小美犹豫了很久，决定抓住这个机会，做一次新的尝试。她报名参加了 MBA 课程培训，通过自己的努力，取得了优异的成绩，最终拿下了 MBA 证书。

不久之后，她辞掉了人事经理的工作，进入这家管理咨询公司。在工作中她努力积累了大量的管理策略和实践技能，表现得非常出色。

不久之后，她就成了这家公司的行政总裁。

这个故事更加清楚地向我们诠释了抓准时机对办事的重要性。很多时候，如果时机不出现，即使你耗费多大的努力也不能将事情办好，更不要说成功了。然而当时机出现的时候，如果你抓住了他，通过自己的努力，可以取得事半功倍的效果。

只有将时机把握准确，办起事情来才能更加高效。所以我们在办事的过程中，一定不要错过每一次可以抓住的机会，因为每一次机会都是在为你的成功铺路。

第二节　轻松办成事的案例

1. 艾博森先生的秘籍

“有个年轻人过来找到我说要开一个户。”艾博森先生说道。

“于是我将几份表格递给了他，让他逐一填写清楚，但是有一部分内容他拒绝填写。

“在我还没有接触人际关系课程之前，我肯定会对这位客户说，假如他拒绝填写这部分资料，我们给他开户将是一项非常艰难的工作。但是今天，我想到了，我们尽量不要对客户说作为银行我们需要什么东西，而是站在客户的立场上去想他们需要的是什么。

“因此我决定了，在最先开始的时候，我就要引导他说‘是的’。我先对他的观点表示赞同，然后告诉他，即使他不将放弃的那一部分资料填写清楚，也没有什么问题。

“‘但是，假如您不幸遇上了意外，您是不是希望我们银行将您名下的财产转到您所指定的亲人的账户下呢？’

"'是的，我当然希望你们这样做了。'他回答道。

"'这样的话，您觉得是不是应该将这位亲人的名字清清楚楚地告诉我们，才能更加方便我们依照您的意思去为您处理这些事情？您一定不会希望因此而拖延时间吧？'

"'是的。'他再一次回答道。

"这个时候这位青年人的态度已经好转了，因为他明白了这些资料并不是给银行留的，这一切都是在保护他自己的利益。所以最后，这位顾客将所有的资料都填写得非常清晰。他的母亲是他的法定受益人，他将关于自己母亲的信息全部都写得很清晰。

"因为我一开始就让他回答'是的'，这样反而会使他忘记之前出现的问题，他会很顺从地将我要求他做的事情都做完。"

卡耐基情商艺术

我们在人际交往中，让人说"是"的方式有很多种，最终的目的都是要使得对方不说"不"。当我们与人进行沟通的时候，不要先提及我们不赞同的事情，而要强调令我们满意的事情，并且要让对方在一开始的时候就说出"是的"。不要给对方制造出任何否定的机会，慢慢地用语言进行诱导，从而最终达到目的。

2. 采购员的讨价还价

一天，某商场的采购员到一家服装厂准备采购一批秋装。逛了一圈下来，采购员看中了一种款式比较新颖的皮夹克，于是问服装厂的负责人："这种皮衣多少钱一件呢？"负责人回应道："最低 600 元一件给你们。""便宜点，500 元行不行呢？""不能再低了，这真的是最低价，再少我们就不卖了。""咱们商量一下，不能一分钱都不便宜吧？"

这个时候，服装厂经理想：现在是秋天，没多久就冬天了，正是皮夹克销售得最好的时候，再加上这种新款一定会大卖，不能就这样让步。于是坚持说道："一分钱都不能再便宜了，不行就算了，总之没得商量。"

采购员认为没有什么杀价的余地，也没必要再耽误时间了，于是转身离开了。

没几天，另外一家大型商场的采购员也来到了服装厂，问道：“这件新式皮衣多少钱？”负责人的回答依旧是600元。这时候采购员说道：“便宜一些，我们打算多买几件，我们需要采购一批这样的新款服装，最低可以多少钱卖？”“我们只做大批量的批发，不零售，今年批发价都是600元。”采购员听完之后并没有急着反驳，只是开始检验手中的那件衣服。

过一会儿，采购员说道：“你们厂子历史悠久，对你们我是非常信任的。但是你们这些皮夹克看似新款，其实是有些过时的，实际上，去年就已经出了这种款式了，卖得也不错，今年还是一样的款式不见得可以卖得好。而且这皮夹克的颜色也都非常老气，都是黑色的，现在年轻人都比较喜欢亮丽时尚的颜色，今年就比较流行玫红色和天蓝色。”说着，采购员看了看周围的产品，他看到离自己最近的一件衣服缝制得不是很仔细，于是说道：“你看，这活做得也不是很仔细，还不如其他那些新厂子。”

这时候，负责人其实也在担心自己产品的质量，于是语气有所缓和，用商量的口吻说道：“你真心想要的话价格不是问题，你开个价我想想。”

最终采购员很轻松地将价格压到了每件400元，满意地签订了协议。

卡耐基情商艺术

我们在与人进行商务谈判的时候，巧妙地运用“吹毛求疵”的战略方案，会使我们的对手被迫主动将要求降低，从而达到我们想要的效果。在我们需要买一些商品的时候，要学会找出其中的不足，使自己有讨价还价的余地，让对方知道我们很精明，不会轻易被他人欺骗。

3. 麦克阿瑟将军

西点军校是所有职业军人都向往的一个神圣的地方。这所军校是1802年建立起来的，诞生了一批又一批精英。但是在1920年的时候，情况有所改变，那时候的西点军校与现在大家所看到的情况完全相反，学员的素质非常低，因此校园里一片混乱。学员有的打架斗殴、有的酗酒，丝毫不把教官放在眼里。更有甚者会与教官发生矛盾，甚至辱骂教官。

当时执教的是麦克阿瑟将军，他深知，想要更好地治理这些学员，就要先将自己的威信树立起来才行。于是他严格遵守军校的规章制度，只要规章制度上写的条例，他都逐一严格地要求他们，也端正了自己的态度，以身作则。他总是对学员说："凡是我要求你们的事情，我都会自己先做到。"

一次，在给学员训练的过程中，一个学员态度恶劣地说道："这是什么鬼训练。"将行李箱扔到了地上。麦克阿瑟见状，并没有作声，也没有制止这位学员的行为，他只是默默地将那位学员扔在地上的行李箱捡了起来，之后便背上了箱子跟在队伍后面与他们一起跑了起来。几个小时过去了，那位扔行李的学员自己跑到了麦克阿瑟面前，非常愧疚。麦克阿瑟将军看到了他，停了下来，说道："我之前对你们说过，我能做到的事情我一定会做到，但是该惩罚的人也必须接受惩罚。因此，你必须要为你刚才做的事情负责，你必须要接受处罚。你要比其他学员多跑两个小时。"

这件事情之后，每位学员再见到麦克阿瑟将军的时候，都会感到畏惧和敬佩。学员们从中知道了一个道理，那就是：他们必须要把事情做到最好，因为他们不是一群混混，是麦克阿瑟将军的一名属下，是西点军校的一名优秀的职业军人，他们是精英。

就这样，麦克阿瑟将军用自己的威严轻松培育出了一批批的职业军人。

卡耐基情商艺术

威信并不是大声喊口号就能树立起来的，也不是一天两天就能树立起来的，而是踏踏实实做好本分的事情换来的。一个有威信的人一定是个有很强能力的人，因为在树立威信的同时一定要提升自己的能力，自己的能力增强了，自然而然就能轻松地办成事。

4. 起死回生的林场

前不久，国际木材市场的需求一直处于不断增加的阶段，于是某大型林场看准了这次价格不断上涨的时机，想借此让自己林场中的木材挤进国际市场。果然如他们所愿，它们的木材得到了很好的市场反响。

但是出乎意料的事情发生了，过了一段时间之后，木材的价格又开始一路下滑，假如林场继续坚持出口贸易，那么每年会有很大的一笔亏损。面对眼前的危机，厂长的想法是亲自动身去欧美的一些国家做一系列的调查，收集各个方面的资料以及信息，寻找合适的合作伙伴。

厂长成功地在国外找到了一家名声非常好的家具生产集团，对集团的负责人直接说明了自己此行的目的，就是希望集团可以把自己的大型林场作为原料的生产地，形成合作。

但是集团的总负责人说道：“我们现在原料的供给十分稳定，保证不会断货，你能说说你们有什么优势，可以让我放弃之前的供货商而选择你们吗？”

于是厂长坚定地说道：“第一，我们的林场很大，而且我敢担保我们的品质绝对不会出现任何的差错；第二，我们寻求长期的合作伙伴，我们不但保证可以给贵集团长期供货，还可以以最优惠的价格卖给你们；第三，我们有专门通向林场的码头，可以准时运货，还可以提供最好的售后服务，重要的是，我们一定会守信用。”厂长在说完以上这三点优势之后，还告诉了集团的负责人，自己的林场前不久刚与国外的几家大型企业签订了合同。集团负责人听完后同意去林场进行参观，随后双方很快签订了合作协议。

就这样，这家林场轻而易举地在国际市场上站稳了脚，还为自己争取到了更多合作的机会。

卡耐基情商艺术

在我们的社会交往中，想要达到某些目的的时候，不妨巧妙地往自己脸上贴金，为办事创造一定的条件。就算我们的资质比对手弱一些，在说话的气场上也一定不能输给他们。要底气十足，故意将自己的身价抬高，并且适时向对方提出一些合理的要求，让对方对我们刮目相看，这样的话，事情办起来自然就轻松多了。

5. 保险业务员的忍让

一天，一个保险公司的业务员要到一家餐厅拜访店主。到了餐厅之后，店主一听他是保险公司的人，脸一下子就沉了下来。

“我认为保险这个事情，根本就没有实际的作用，你知道为什么吗？因为我死了之后才能拿到钱，搞不懂你们这是什么意思。”店主很不友好地说道。

于是业务员又说道：“是这样的，我不会耽误您很长的时间，只要几分钟的时间就可以了！”

“你看到了，我现在非常忙，你要是真的这么闲，就帮我洗碗吧，你觉得怎么样？”

店主本来想羞辱他，没想到这位年轻的保险业务员竟然脱掉了自己的西装，卷起袖子，真的洗起了碗。他这样的动作让门外的店主感到非常惊讶，店主大声喊道：“你不用拿这个来糊弄我，我不需要买保险，所以你怎样做都没用。你还是赶紧找别人吧，不要在我身上浪费时间了。”

但是令人没有想到的是，业务员从那天之后，每天都会来他的饭店帮忙洗碗，每次店主都会铁着脸告诉他：“即使你天天都来，我也不会改变我的想法，你不要再来帮忙了，赶紧去找别人吧。”

就这样，这名业务员虽然每天都要面对这位“铁石心肠”的店主的奚落，但是他一直都在忍耐。不管店主怎样说，他每天仍旧会准时去餐馆洗碗。就这样，不知不觉过去了三十天。到了第四十天的时候，那个一开始非常厌恶保险的店主终于被感动了，于是投了保，并且在之后的日子里，给这位执着的保险业务员介绍了很多生意。

因此，这位年轻的业务员凭借店主的推荐，轻松地签成了很多订单。

卡耐基情商艺术

在与人交往的过程中，忍耐是一件很不容易的事情。很多时候可能别人说的一句话就会伤害到我们，在求人办事的时候更是如此。但我们不要责怪他人，要以宽广的胸怀对待他人。这样才能拥有好的人缘，办起事情来才会更轻松。

6. 放低身价

1860 年的时候，林肯以美国共和党候选人的身份参加总统的竞选。他的对手是道格拉斯。

当时，大富翁道格拉斯自己租赁了一辆非常豪华高端的竞选列车，并且在这辆车的后方放了一门大炮，每当列车驶出一站，就会拉响大炮，还会有乐队进行演奏，看起来非常气派，声势浩大。道格拉斯得意扬扬地对大家说："你们知道吗，我要让林肯那个乡巴佬看看什么叫气派。"

林肯并不在乎这样的场景，他像往常一样买票乘车，每当汽车进站，就会登上民众为他特地准备的耕田的马车。他说："其实有很多人写信问我一共有多少资产，事实上我只有一个妻子还有三个可爱的孩子，在我看来，他们是我的无价之宝。另外我租了一间办公室，办公室里只有一张简单的办公桌、三把简易的椅子、放在墙角的一个大书架，书架上的书对我们每个人都是非常有益处的。我自己非常贫穷，身材也不好，脸又丑又长，事实上也并没有什么是我的依靠，我唯一能依靠的就是你们。"

没过多久，选举的结果就出来了，林肯被选为美国总统。

卡耐基情商艺术

我们在求人办事的时候，无论我们是什么样的身份与地位，都应该将自己的身价降低。因为我们是在求助于别人，并不是别人求助我们。倘若在这样的情况下，我们还是用一副高高在上的架势面对他人，那么没有人会买我们的账，即便我们的身世再显赫也一样如此。因此，在办事的过程中，只有谦虚的人才能占据优势，他们不但可以轻松地办成事情，还会更受欢迎。

7. 刘先生的耐心

刘先生是一家著名汽车轮胎公司的总经理。有一次他独自一人在酒吧饮酒，无意间撞到了一位喝得大醉的年轻人，这位年轻人看刘先生撞到了自己，便顺势要起了酒疯，最后二人大打出手。

这件事情过去之后，刘先生从店主那里得知，那位年轻人自己研发出了一种能使轮胎强度增大的方法，还申请到了专利。但是他前后找了很多家汽车生产厂商，想要他们买自己的专利，都以失败告终。不但如此，他们还嘲笑这位年轻人异想天开。这位年轻人一直怀才不遇，每天都愁眉苦脸，只得靠喝酒麻痹自己。

刘先生得知这位年轻人的情况，不但不介意这位年轻人之前对他的不尊重，反而还想邀请这位年轻人来自己的公司工作。

一次，刘先生在工厂的大门口等这位年轻人，但是年轻人早已没有了当年的兴趣，不愿意与人提及自己的研发成果。他并没有理刘先生，而是径直走进工厂干活去了。但是刘先生并没有放弃，继续在工厂的大门外等待。

到了中午吃饭时间，工人们纷纷奔向了食堂，但是刘先生却迟迟没有见到年轻人的影子。工厂里的工人告诉刘先生，那个年轻人做的是计件的工作，没有固定的上班时间和下班时间。

天气非常寒冷，但刘先生一直都没有离开工厂。就这样，他从上午 8 点一直等到了晚上 8 点。这个时候，他看到那位年轻人缓缓地走了出来。年轻人一眼就看到了刘先生，这一次他没有拒绝，立刻答应了与刘先生合作。

原来在年轻人吃完午餐之后，看到了刘先生在大门口，就没有出去。后来，他知道刘先生一直不吃不喝在大门口等着自己，一等就是一天，被这种精神深深地感动了。

就这样，刘先生凭借着自己的耐心轻松得到了与年轻人合作的机会，并且在不久之后推出了新的轮胎产品，很快在竞争激烈的市场上站稳了脚。

卡耐基情商艺术

我们在办事情的时候，无论遇到怎样的困难，都要具备十足的耐心，这是办成事情最基本的要求。只有我们禁得住考验，有充分的耐力，才能充分地将我们的殷切之情表现出来，才能得到他人的理解和帮助。

8. 恰当的邀请

有一个胸怀大志的年轻人非常想创业，拥有一家自己的公司，却没有足够的资金支持，于是实现自己的梦想就成了一个很大的问题。后来，这个年轻人突然想到，有一位朋友的父亲有实力帮助自己，可以去求助于他。于是他想尽了办法从朋友那里了解到，朋友的父亲非常喜爱吃海鲜宴，因此他决定请同学的父亲到附近的一家海鲜酒店吃饭。据说，这位朋友的父亲从来不轻易答应别人的邀约。但是这并没有难倒这个年轻人，他想了一个主意。

临近月底的时候，年轻人一大早就打电话到朋友家，得知朋友的父亲周末在家休息。后来在大概上午 10 点的时候，他满怀欣喜地来到了朋友家，当着朋友父亲的面告诉朋友，自己最近投资了一个非常好的项目，赚了一大笔钱，要请朋友们吃海鲜，也邀请朋友的父亲一同赴宴。结果年轻人很快就把朋友的父亲请到了酒店。

在饭桌上，这位年轻人便和朋友的父亲说起了自己的生意，同时提到了自己最近资金方面比较紧缺，遇到了一些困难与麻烦，想要请求朋友的父亲帮助自己。没有想到的是，第二天，朋友就告诉这位年轻人，这位父亲准备投一笔资金帮助他建立公司。

就这样，这位年轻人得到了帮助，实现了自己多年以来的创业梦想。

卡耐基情商艺术

当我们求人办事，需要宴请他人的时候，方法一定要得当，这样才能皆大欢喜。假如邀请的方式不恰当，不仅会遭到对方的拒绝，也会让自己觉得很没有面子。

9. 马克的宴请

马克前不久刚刚大学毕业，初入职场的他与办公室中的同事非常合不来，连他的上司都认为马克办起事情来非常木讷。办公室里的其他同事三天两头找各种各样的借口请大家吃饭，什么过生日、周末聚会、庆祝业绩等，科长也会时不时地前去赴宴。

马克就这样越来越被大家孤立和排斥，后来他也决定请大家吃饭，改善与同事的关系，但是他一直都找不到合适的借口。

有一天，马克在公司楼下的路边摊吃午餐，突然发现马路对面有一个福利彩票的销售点，很多人都围在前面买彩票。马克想到了一个好主意。

从这天开始，马克每天中午吃完午餐都会去买福利彩票，还经常故意将它放在自己的办公桌上。一天早晨，马克很开心地来到了办公室，向同事们宣布自己买彩票中了 5 万元现金，下班之后要请大家吃晚餐。下班后，同事们与科长一起来到马克事先定好的饭店。

这次宴请使马克融进了办公室这个大家庭，大家也不再排斥他，都与他成了很要好的朋友，这一切都要归功于那次不存在的“中奖”。

卡耐基情商艺术

我们在求人办事或是化解矛盾的时候，难免会用宴请的方式解决问题。但是在宴请的时候，也要找一个好的理由，只有理由合适且充分，才能让被宴请的那一方高高兴兴地赴宴。

第八章 08

如何运用高情商打造高效领导力

第一节 卡耐基告诉你如何打造高效领导力

1. 重视讲话方式，才能做好领导

卡耐基先生曾指出，好的讲话方式不仅可以拉近人与人之间的距离，在沟通中和谈判中还可以提升成功的概率。

在我们的日常人际交往过程中，如果我们不注重讲话的方式，讲话的时候使用的方式不恰当，那么很容易造成对方对我们所要表达的内容的误解。当对方对我们产生误会的时候，就会导致不好的后果，甚至会对我们的沟通产生影响，从而影响到我们正常的人际关系。

在讲话的过程中，嘲讽、挖苦属于一种刺激性的表达方式。通常这样的方式在公共场合会很容易使对方下不来台，甚至会对对方的心理造成伤害。

事实上，批评在我们日常的沟通之中是不可避免的，尤其当你是一位领导的时候。只有在讲话的时候注重方式与技巧，才能将领导做好，同样，批评下属也不例外。但批评也要注意方式，有些人批评起人来让人无地自容，下不来台。这样的方式不仅不能让对方认识到错误，反而会影响到自己的人际关系。即使是批评，我们也要注重语言的巧妙性。

张怡刚刚大学毕业，在一家规模不是很大的企业工作。因为年轻气盛，当他有看不惯的事情时，经常直接说出来，这让他在工作中遇到了很多障碍。

张怡的上司经常把文件撂在一边，既不翻阅，也不签字。当有关部门来追究责任的时候，他还将责任推卸到下属身上，责怪下属为什么不早点把文件拿给他看。刚开始的时候，张怡非常气愤，当上司把责任怪到他头上的时候，他总是会实话实说，让上司非常没面子。上司因此也对他怀恨在心，使张怡的工作一直不是很顺畅，这也让张怡非常郁闷。

在和朋友的一次聊天中，他受到了启发。他的朋友对他说："即使上司三番五次地犯错误，你也不要反唇相讥、直指其非。毕竟，你只是他的下属，不是他的上司，即使是老板，也有可能只对董事会股东们负责；毕竟，他可能早就知道是自己做得不对了，只是碍于面子，不愿意面对现实、承认错误而已。作为下属的你，要是不了解到这一点，直接指出他的错误，无疑是在拿自己的前途开玩笑。"

从这之后，张怡不再当面指出上司的错误，而是将批评的话吞到肚子里，将其变为一种日常的提醒。他每天都提醒上司，今天还有哪份报告没有签。

经过这样含蓄的提醒，上司意识到了自己的错误，为了避免忘记翻阅文件，会主动将文件弄好。

这样，张怡的工作不仅得以按时完成，也给上司留足了面子，让他能够很好地意识到自己的错误，从而让工作很好地完成。

巧妙地指出别人的不足，往往要比把话直接说出口更让人听得舒服，而且不会对别人产生不必要的伤害。不管说话的目的和初衷是什么，都应该采取委婉的讲话方式，这样才能达到最理想的效果。

这样的方法不仅用于生活中，在商业中，作为领导人，我们也可以采取同样的讲话方式。我们与对方沟通的过程中，经常会因为没有考虑到对方的自尊心和虚荣心，讲话的方式不恰当，导致最终的失败。因此，讲话一定要注意方式，不要伤害别人，让对方接受自己观点的同时应该顾及对方的感受。

英国首相威尔逊在一次演讲进行到一半的时候，台下突然有个捣蛋分子站起来大喊道："狗屎！垃圾！"

威尔逊的演讲虽然被打断，但是他突然急中生智，平静地说："这位先生，请少安毋躁，我稍后就会说到你提出来的关于环境和垃圾的问题。"

英国首相丘吉尔有一次在公共场所进行演讲，从台下传上来一张小纸条，上面只写了两个字"笨蛋"。

丘吉尔知道台下有不支持他的人希望他会因此出丑，于是他从容地对台下的听众说："刚才我收到了一张小纸条，不过可惜的是上面只写了他自己的名字，却忘记了写内容。"

这两位英国领导人分别在演讲的过程中遭遇他人的当众挑衅，然而他们并没有和那些人一样用粗俗的语言以牙还牙，而是用一种巧妙的讲话方式去反驳那些反对自己的人，使得那些人没有话说。

在我们的日常工作和生活中，面对他人对我们的语言攻击，我们进行反驳的语言往往非常"单纯"，那就是对方怎么说我们，我们就把他说的话中的主语换掉再说一遍。例如，某人用挑衅的语言说："你是不是傻"，很多人的反应是"你才傻呢"。于是接下来的战争就像踢足球一样无限循环反复，永远都停不下来，然而这种做法是最缺乏技术含量的解决方式。面对这样的情况，我们要注意自己讲话的方式，努力使自己所说的每一句话有更多的含金量。除此之外，急中生智，沉稳应对也是我们所需要的。

2. 与下属沟通讲究艺术性，才能成为受人喜爱的领导

在实际的工作中，想要成为一个成功且受人欢迎和喜爱的领导，在与自己的下属沟通的时候，需要懂得用温暖恰当的语言感动对方。只有这样，才能使对方把自己的话听进去，从而达到最终的管理目的。这样的与下属沟通的方式，不仅拉近了领导与下属之间的关系，还为双方都营造了一个和谐的工作氛围，创造了良好的环境，从而使工作顺利地进行下去。

卡耐基先生曾指出，一个领导只有掌握了与下属的沟通艺术，才能被称作好领导。

假如作为一名领导者，经常与自己的下属出现沟通问题，不仅会对自己的权威和地位产生不利的影响，有的时候甚至会对自己工作的开展产生阻碍。

美国的科罗拉多州曾爆发了工业史上影响力极大的一次"工人大罢工"行动。这次的罢工使劳资双方的冲突十分尖锐。

当时管理矿厂的是小约翰·洛克菲勒，他是美国石油大王洛克菲勒的儿子。他认识到了强制的手段是对事情起不到丝毫作用的，只会使得双方的矛盾不断加深，于是小洛克菲勒决定运用温和委婉的方式化解这次出现的矛盾。

小洛克菲勒带领自己的手下亲自到矿工的家中进行慰问，这样的举动缓解了一部分矛盾。不久之后，他又让这次“罢工运动”的所有代表来参加谈判。谈判时，他对代表们说道：“你们知道吗，对于我来说，今天是非常值得纪念的一天，也是难忘的一天。能和你们在座的众多代表认识，我非常高兴。假如时间可以回到两周之前，那么这里坐的不会是我们，而是另外一批陌生人。因为那个时候，我还不了解和认识你们。之后的一段时间，我总是在南煤区的各个帐篷之间穿梭，并且和其中的一些代表有过更进一步的私人谈话。我大致了解诸位的家庭条件，并拜见了你们的亲人。大家都很友好地对待我，就像是朋友一样与我对话交谈。因此，我们不妨交个朋友。”

“我虽然是工厂董事会的代表，但我其实是和在座的各位站在一边的。我希望我们可以讨论我们共同存在的问题。首先要做的就是想出一个大家普遍赞同的应对策略，因为这是大家都感兴趣的事情。”

小洛克菲勒的讲话非常有水平，并且充满了真诚。正是因为这份真诚，结束了长达两年之久的罢工运动。

想要成为一名优秀的领导者，就必须要与下属进行有效的沟通。而小洛克菲勒正是如此。他能成功的原因很简单，就是真诚。充满真诚的讲话会让别人觉得你所说的内容非常有分量。而小洛克菲勒的讲话是真诚的，也是发自内心的，并且始终在替工人着想，一直都站在他们的立场之上去讨论事情，因而可以将那些工人打动。

对于领导者来说，与下属进行沟通是必不可少的一件事情。因为领导者在做出每一个决策之前，首先要做的就是去倾听自己下属内心的真实想法。只有这样，才能得到想要了解的信息，工作才能顺利地进行下去。而在这个过程中，作为领导者，以什么样的方式去沟通，怎样能得到有效的沟通，是最为重要的一个问题。假如沟通的方式不正确，或者是哪些环节出了差错，下属不但不能正确地理解领导的意思，还会出现一些新的沟通上的障碍，让事情处理起来更加棘手。

因此，想要成为一名受人欢迎的好领导，讲求沟通的艺术性是非常重要的。

3. 掌握正确方法指正别人的错误

我们在生活中和工作中，犯下错误是在所难免的，但是当我们发现他人出现了错误的时候，应该如何去指正呢？如果我们采取的方法不恰当，就会好心办坏事，使双方都陷入一个尴尬的局面之中。我们帮别人指正错误的初衷是好的，但是，如果我们指正的方法不正确，不但不能达到我们的目的，甚至还会遭到他人对我们的怨恨，对于我们的人际交往也是非常不利的。

对此，卡耐基先生认为，我们在指出别人错误的时候，应该对事不对人，而且指正他人错误的时候应该有根据，不能随意将对方的错误夸大或者缩小。

如果我们没有用正确的方式将对方的错误指出来，反而带入我们的主观情感，并且将对方的错误毫不保留地当众提出来的话，往往会使得对方的自尊心受到伤害。因此在批评之前，应当先考虑自己的批评会得到一个什么样的结果，合理地选择指正对方错误的方式和方法。这样才能让对方认识到自己的错误，并且心服口服地改正。

查尔斯·施瓦布是著名的企业家，他拥有一家自己的炼钢厂。

某一天，他在自己的钢厂中视察，看见了几名工人在工厂中的一个角落里吸烟，但是在他们的上方就悬挂着一个非常醒目的“禁止吸烟”的大牌子，很显然，他们是明知故犯。这个时候，工厂中的很多工人认为施瓦布一定会恼羞成怒，并且会冲过去大声地训斥他们说：“你们不知道你们犯了什么错误吗？你们看不到牌子上的字吗？！”然而，施瓦布并没有这么做。他慢慢地走到他们面前，从自己的口袋中掏出了雪茄，给了他们每个人一根，并非常友善地说道：“孩子们，如果你们拿着雪茄去外面吸的话，我会很感谢你们的。”

那些工人知道自己犯了错误，但是老板不但没有批评自己，反而还将昂贵的雪茄送给了他们，这样的做法使几位工人感到非常受尊重。于是他们非常愿意改正自己犯下的错误。

企业家汉斯·舒米特也用过相似的方法。他在参加卡耐基先生的培训课程的时候，向大家分享过这样的事例：他的食品店中的一位店员总是忘记将价格的标牌放在各种食品前面，使来这里购物的顾客经常搞不清商品的价格，为顾客带来了很多不便，食品店经常因此受到抱怨。食品店的主管非常严厉地批评过那位店员，但是丝毫不起作用。

后来，舒米特先生终于想出了办法。他把自己的店员叫到了办公室，告诉他，以后他就是整个食品店的商品标牌的负责人，并将所有的注意事项都告诉了他。此后，那名店员对待食品标牌的态度完全改变了，不仅没有遗忘过放置标牌，并且其他相关工作也完成得非常优秀。

每个人都希望得到尊重与肯定。因此，工作中无论对方犯下了怎样的错误，都不要当众对他进行批评和指责。一个有效的指正他人错误的方式是，不试图把他们从错误中拉出来，而是让他们通过委婉的暗示认识到自身的错误，从而主动地改正自己的错误。这才是正确有效地指出别人错误的方法。

卡耐基先生认为，每个人在犯了错误之后，都会对自己丧失信心。甚至可能怀疑自己的能力不如别人，或者产生自卑的心理，这样的想法会使他们丧失了对工作和生活的兴趣。

通常在这个时候，给对方一些期待与赞美是非常有必要的。

范小姐进入公司两年就当上了部门经理，但是很多下属不服气，表现最明显的是程小姐。自从范小姐任职后，程小姐几乎每天都会迟到。公司有相关规定，只要迟到达到半个小时就视为旷工一天，但是程小姐每次都没有达到半小时，因此并不会受到公司的惩罚。范小姐对此很是担忧，她认为必须指正程小姐的错误，并让她及时改正，否则会产生不好的影响。

某天，范小姐将程小姐叫到了办公室，问道：“小程，最近你来得都比较晚，是不是家里遇到什么事情了？”

“我家中没有困难，只是每天都堵车，这并不是我可以管得了的事情。”

于是范小姐问：“你家是不是住在××购物中心附近？”

“是的。”

“刚好我住的地方与购物中心很近，以后每天早上你都在购物中心门口等我，我载你一起来上班。”

程小姐听了范小姐的话后，感到非常惭愧，于是不好意思地说道：“谢谢，不用了。你是我的上司，这样不太合适，我的问题可以解决，不用麻烦了。”

“这又有什么关系呢，我们是好同事，也是朋友，朋友有困难帮忙是应该的。”

范小姐的话让程女士感到无地自容。从此，程小姐上班再也没有迟到过。

事实上，如何指正别人的错误也是一门学问。作为领导，在指正别人错误的时候，往往不提“错误”二字效果会更好，适当的时候，可以给错误加上一点“糖衣”，营造一种和谐的气氛。在这样的环境之下，对方会更容易认识到自己的错误。

卡耐基先生说过：“指正别人错误的时候，保住面子是非常重要的。”

就算对方犯下了很严重的错误，我们也要保住对方的面子，保住对方的尊严。这就需要我们选择一种正确的方式将对方的错误指出来，并告诉对方应该如何去改进，而不是一味地呵斥与批评。以恰当的方式指出别人的错误是一种能力，也是最有效的解决方式。无论事情最终以一种怎样的方式解决，我们都不能伤害到对方的尊严。俗话说：“打人不打脸，骂人不揭短。”

4. 好领导要善于激励别人

作为领导者，激励员工是最主要也是最重要的工作。

领导者在工作中激励员工最简单的方式就是加薪。此外，还应该让员工在工作中找到归属感，从而对工作有更高的投入度。

那么作为领导者，如何有效地从这方面激励自己的员工呢？

作为领导，首先要为员工树立一个积极向上的榜样。卡耐基先生曾经说过："好榜样就像把许多人召集到教堂去的钟声一样。"任何一个人在自己的工作岗位上都希望自己能够上进，能够成功，没有一个人是自甘落后的。然而，如果借助榜样的力量，员工会有更加明确的努力方向和取得成功的方法。这对员工来说是一种很好的激励。

我们来看看玫琳凯公司是如何激励员工的：

玫琳凯公司为了更好地激励员工，在公司总部的大厅上，挂的不是创始人的照片，而是在工作中取得优秀业绩的员工的照片。取得优异业绩的员工会受到极大的尊重，他们的成功经验也会在整个公司流传，给公司营造了一种积极向上的氛围。

有时候，榜样就是一种最好的激励。

玫琳凯公司还会给取得优异业绩的员工丰富的物质奖励。

从 1969 年开始，在每年年底的表彰大会上，玫琳凯公司都会赠送业绩前五名的美容顾问一辆粉红色的凯迪拉克。这份隆重的奖励不仅让获奖人感到无比骄傲，同时也激励着其他员工努力向前，争取在工作中获得更大的收获。

除物质上的奖励之外，玫琳凯公司还会给予员工特殊的精神奖励。

每位美容顾问在卖出 100 美元的时候，他们的上级就会为他们准备一条缎带，依次类推，卖出 200 美元的时候可以再得一条。这种仅需要 0.4 美元的精神鼓励，有时比 100 美元的物质奖励更有激励作用。

玫琳凯公司最经典的奖品除缎带外，还有别针。这种别针的设计和制作都是在美国的达拉斯完成的，然后它们被运送到各个地方，用来奖励进步的员工。在每一个阶段，当你的工作有了进步的时候，玫琳凯公司都会奖给你代表着不同含义的别针。玫琳凯公司每一位美容顾问都以佩戴各种各样的别针为荣。

正是由于这种激励方式，让玫琳凯公司到处都洋溢着工作热情。玫琳凯公司一直都在用一种"你能做到"的精神来激励每一位员工，并且从物质和精神两个层面给每一位员工以肯定与认可。或许这些奖励看上去并不起眼，但却给予了员工们极大的力量，促使着他们不断进步，最终取得成功。

美国著名组织行为学家、心理学家赫伦说过："每个人都有一种攀比的心理，假如一个员工看到了一个与自己在各个方面水平差不多的员工受到了表彰或者被领导提升了，他就会努力以那个员工为榜样，努力去工作。这就是优秀员工的榜样作用。"

同样，作为领导者，也应该为自己的员工树立榜样。

作为领导者，想要激励自己的下属，想要自己的下属把工作做好，首先要以身作则，做好表率。示范的力量是超乎想象的。作为一名好的领导，不但要勇于承担自己的错误，而且要严格要求自己。要利用自身的表率作用在员工中树立起威望。这样工作起来才能上下同心，不仅可以提升员工整体的战斗力，还可以更好地激励员工向领导看齐，将自己的工作做得更好。

古人云："得人心者得天下。"做下属敬佩的领导将使管理事半功倍。

作为一名领导者，不仅要善于发现工作中的典型，还要善于激励自己的员工。

5. 没有人喜欢受指使，指使要有道

我们在餐厅吃饭的时候，可能经常会遇到这样的情形：你用命令的语气对餐厅的服务员说："赶快端一杯水来。"服务员通常会爽快地答应你，但是水一直没有上。

为什么会产生这样的情况呢？

或许这个时候你会觉得因为餐厅里顾客比较多，大部分服务生非常忙碌，所以会忘记你的水。你的想法只是一个表面的现象，其实并不然。事实上，无论一个人处于一个什么样的环境之下，都不会愿意受指使。没有人喜欢别人强硬地告诉自己应该怎样做，或者让别人去左右自己的思维。

然而在我们的生活中，需要说服一个人的时候，常常习惯用一种带有指使意味的命令式的语气，如"你应该像我这样把这个做好"，或者"你应该

有这样的想法”，等等。领导的权威不是每个人都有，但是有的时候我们总想使用这样的权威去命令别人，或者强迫别人去做一些事情。这是一种错误的沟通方式。

卡耐基先生曾经说过：“在说服他人的时候，不要总是指使别人应该怎样去做，而应让他们自己主动意识到应该去做什么、怎么做，甚至让他们觉得那是他们自己的主意，是他们必须要去做的事情。”

美国前总统罗斯福先生在处理事情的时候一直都在巧妙地使用这种方法。在罗斯福担任州长的时候，他与州内的政要和名人相处得非常和谐。有几次，他使那些政要人士将他们不喜欢的提案也全部通过了。

有一个重要的职位空缺需要推选出一名值得信任的人接管，于是罗斯福将那些政要人士全部召集了过来，要他们推选下一个适合做这个职位的人。

第一次，那些政要人士推荐的候选人不是很受公众欢迎，于是罗斯福告诉他们，假如这位候选人接管这个职位，会更加不受公众的喜爱。

第二次，他们推荐的候选人工作能力和人品都不是非常卓越。于是罗斯福又告诉他们，这样的人是得不到公众的肯定的。

接着他们又推选出其他条件更加优秀的候选人，罗斯福似乎对这些人都不是很满意。但是罗斯福并没有直接地表现出来，他对参与这次职位推选的政要非常诚恳地表示了感谢，他表示，他非常理解这样的推选工作是非常麻烦且困难的。他让他们谨慎考虑再做出自己的决定，将最适合接手这个职位的人选出来。后来，政要人士又开始了第四轮的推选，这次的结果使罗斯福非常的满意。于是，罗斯福很快就任命了他，且高度赞扬了那些参与推选的政要人士，使他们非常高兴。

这时候罗斯福又站了起来，拿出了他所做的关于某个项目的提案。假设这个提案在推选会议之前提出，那么这些政要人士是一定不会同意和认可的。但是刚才那些政要人士们刚刚拿到好处，所以这次他们给足了罗斯福的面子，提案当场就被全部通过。

罗斯福在决定事情之前总是希望自己可以获得更多人的建议和意见，并且对每个人的意见都会非常尊重。在他想得到他人对自己意见的认可的时候，他会想各种各样巧妙的方法让对方觉得那是他们自己的主意，罗斯福只是参与了这方面的讨论而已。在这种情况之下，即使是那些顽固不化的人，也会被他说服。

每个人都希望自己的意见得到大家的认可和支持，但是对一些顽固不化、性格强硬的人，可以采用让他们“自己说服自己”的方式来解决问题。这看似一件非常困难的事情，但是只要把我们的一些想法灌输到对方的无意识思维之中，给他们一些小暗示，就可以让他们自己顺着我们的思路去思考。

6. 掌握正确方法加强团队凝聚力

团队凝聚力的基础是团队精神，团队精神是抵达成功彼岸的基石。想要让团队变得更强，首先要做的，就是要将自己的团队变成一支“英勇善战的队伍”。

在现实生活中，只有以合作为宗旨的团队才能称作真正意义上的团队。不仅如此，作为团队中的一员，每个人都要表现出自己的合作动机。卡耐基先生曾经说过：“团队建设是一个永无止境的过程，团队中各个成员的态度决定着事情的成败，建立与维系每个成员之间的合作关系是我们责无旁贷的工作与责任。”

有一个穿着奇装异服、装扮得像魔术师的人来到一个穷苦的村庄，这个村庄人烟稀少，没有人管理，加之环境恶劣，因此很多人都忍饥挨饿，村民之间也很少相互往来。他向前走了几步之后，看到一位妇人走了过来。于是他笑着对迎面而来的妇人说：

“请留步，你看，我这儿有一颗汤石，假如将这块石头放进滚烫的开水中，会变出一大锅美味的菜汤，我们一起来煮给村民们喝吧。”于是很多人围了过来，有的人把自己家中的大锅拿了出来，有的人用自己的大水桶提了满满一大桶水，有的人架上了火炉子，点了木柴。很快，这锅水就在村庄的空地上煮了起来，大家也都围坐在锅边。

于是这个陌生人小心翼翼地把这块汤石放进了滚烫的开水中，用汤匙搅拌了一下，尝了一口，很兴奋地说道："天呐，这简直是人间美味，我觉得要是再放一些洋葱进去会更美味。"话音刚落，立刻有人冲回家拿来了一大筐洋葱。洋葱放进去之后，陌生人又尝了一口，说道："太好了，如果能再放一些碎肉会更香。"有一个年轻人快速回家端了一盘碎肉放了进去。"再有一些菜叶就更完美了。"陌生人说。

就这样，在陌生人的指导下，有人回家拿来了一些调料，有人拿了一些菜叶和蘑菇，也有人拿来了饼和其他食材，最后当大家一人一碗围在锅边享用美味的时候，他们发现，这碗汤是他们喝过的最美味的汤。

其实陌生人拿来的汤石只不过是在草丛中随手捡来的一块再普通不过的石头。只要有人领导，有人配合，每个人都可以亲手煮出一锅美味的汤。这个时候，参与煮汤的这些人就是一个小团队，当团队中的每一个人都能贡献出自己的一分力量的时候，大家就可以齐心协力，为着团队的共同目标而努力奋斗。当然，这一过程中也要讲求方式与方法。分工合作可以取得成功，但是假如方法不当，就会出现这样那样的差错和问题，导致秩序混乱失败。

由此可见，在团队建设当中，掌握正确方法的重要性。

有一天，一位白发苍苍的老人来到了一个村庄，看到两个年轻人在拼命地干活。其中一个年轻人一直在拼命地挖坑，而另一个年轻人在拼命填土。老人对眼前的情景非常困惑，于是停了下来，看他们到底想做什么。

最后老人实在忍不住了，走过去问道："你们两个年轻人在做什么呢？"出乎意料的是，他们是这样回答那个老人的："我们在种树苗，本来应该是三个人合作完成的，但是今天种树的有事情没有来，我是负责挖坑的，所以我只挖坑；他是负责填土的，所以他只管把土填上。"

这个故事中，两个人都只顾完成自己的分工，而不知道配合与互相帮助，即使每个人都在埋头苦干，最后依旧一事无成。

加强团队凝聚力的第一步就是要加强对团队的管理。而真正意义上的团队管理是将一粒粒的细沙变成水泥。想要实现这个目标，就要靠每个人的共同努力。从高处丢下一把细沙与从高处丢下一块水泥的威力哪个强，不必说大家也知道。

约翰·马克斯韦尔是美国著名的管理学家。他曾经在《所向披靡》一书中说，世界杯中大部分“好看的球”与“打进的球”都是人与人之间相互“配合”产生的结果，同样也因为方法运用得恰到好处。即便是享誉世界的球星，也是要“打配合”的。

因此，只有齐心协力才能加强团队的凝聚力，从而提升团队的战斗力。

第二节　高效领导力的案例

1. 领导分粥

有七个年轻人住在一起，他们的日子很清贫，每天的早餐只有一大桶粥。但是粥少人多，每天的粥都不够分，他们想尽了办法。

最初的时候，他们轮流当分粥的人，这样下来，每个人七天里只有一天能吃饱，就是自己作为分粥人的那一天。

于是，他们改变了分粥的方式，从七个人中选出了一个德高望重的人作为分粥人，认为这样就能公平地分粥了。

但是，腐败的问题随之而来。剩下的六个人采取了各种方式来贿赂那个分粥的人，将这个小团体弄得鸡飞狗跳。

于是，他们又组成了三人的分粥委员会和四人的监督委员会，以此来制止贿赂的问题。但是，新的问题又产生了——这几个人相互攻击，每个人的情绪都十分激烈，等他们的情绪平静下来的时候，粥已经凉了。

在这种情况下，一个担任分粥的人想出了一个办法：每人轮流分粥，分粥的人要等到其他人都拿完了，再去拿剩下的最后一碗。

这样，每个人在担任分粥人的时候，为了不让自己吃得最少，总是尽量将粥分均匀。这样一来，就很少出现分配不均的情况，每个人都能吃饱了，而且很少出现矛盾，七个人过上了和谐快乐的日子。

卡耐基情商艺术

同样是七个人，采取不同的分配制度，就会有不同的效果和风气。因此，一个公司如果工作风气不端正，一定是机制出现了问题。可能由于没有完全公平公正公开，没有严格地奖勤罚懒。因此，想要制定一个合理的工作制度和机制，就需要领导充分发挥自己的领导力，研究出合理的适合自己工作团队的领导方案。

2. 员工的逆袭

A 和 B 在同一家小公司工作。

前不久，A 突然对 B 说道："我真的不能再忍耐了，我决定要马上离开这家公司。我太讨厌这个公司了！"B 说道："对你的决定我举双手赞成，这个小破公司，什么都给不了我们，一定要给它点颜色看看。不过我认为，你这个时候离开并不是最好的时机。"A 问道："为什么？那我应该什么时候走呢？"B 说道："假如你现在立刻离开，并不会给公司带来任何损失。你应该抓住在公司这最后一段时间，拼命拉拢一些你自己的客户，这样没多久你就可以成为公司中独当一面的人物。随后，你就带着这些你辛辛苦苦积累下来的客户离开公司，自己发展，这样公司不但会在业绩上损失惨重，还会非常被动。"

A 认为 B 说得非常有道理。于是在后来的一段时间里，他勤奋工作，如他所愿，经过半年的努力之后，他积累了一大批忠实客户。后来的一次机会，他又与B见面了，B说："现在时机已经非常成熟了，你要想跳槽的话就要抓紧时间行动啊！"A一脸笑意地回答道："前不久老板找过我，我们聊了很多，他准备升我做副经理，我现在决定先不离开了，在这个公司做一段时间管理再说。"B得知A不离开之后，感到非常开心，这也是他所希望的。

卡耐基情商艺术

一个人不是为了工作而工作，工作是为了自己的梦想和目标。想要得到机会，首先要付出。只有充分地将自己的能力在工作中发挥出来，让上级真正看到你的能力超出你现在的职位所需，他们才会给你更多的机会创造更多利润。

3. 容人之短，用人之长

在美国南北战争期间，林肯总统出于谨慎，并且为长远考虑，一直都在重用那些老成持重的人。这些人虽然没什么缺点，但也有一个致命的问题，就是没什么长处。

虽然一切都计划得很周密，但有些时候总是会事与愿违。林肯总统所选拔出来的这些没有缺点的统帅，在拥有强大的人力优势和充足的物资补给的情况下，还是接连被南军将领打败了。林肯对此做了反思。

经过一段时间的分析，他发现，南军主要将领身上都有非常明显的缺点，但是他们之中的每个人都具备自己所擅长的一些东西。

林肯也决定改变一下现有的局面，他立刻任命格兰特将军为总司令。在他做决定之前，有人告诫过他，说格兰特将军平日里非常嗜酒贪杯，恐怕不能胜任这个职务。林肯总统当然非常清楚喝酒会误事，但他更清楚的是，众多将领中，只有格兰特将军是可以决胜千里的英才。后来的事实也印证了格兰特将军当时的上任正是南北战争中的一个重要转折点。

卡耐基情商艺术

我们每个人的成长过程中都会受到各种各样因素的影响和条件的制约，所以每个人的发展都是不平衡的，一定会有所长、有所短。假如一个人没有什么缺点，那么他可能也不会有什么过人之处。缺点越明显的人，优点也可能越明显。因此，一个领导者想要高效发挥自己的领导力，那么在用人的时候，就要有“容人之短”的度量和“用人之长”的胆识，这样才能找到帮助自己获得成功之人。

4. 要拉不要推

某著名企业家的儿子在很小的时候就有一个愿望，那就是成为一名非常优秀的领导者。于是，他一直没有停下努力的脚步。

时间过得非常快，不知不觉他就长大了，从一个稚嫩的小男孩长成了成熟的小伙子。他读完了大学，以优异的成绩顺利毕业，之后就迫不及待地进了自己父亲的企业工作。

想要成就大事业就要从基层做起，他进去之后的第一步就是在公司做最底层的工作。经过几年时间的基层工作磨炼之后，父亲认为时机已经非常成熟了，于是想要提拔他做公司的经理。但是当父亲将自己的决定告诉他的时候，他表现得并不是很开心，反而紧皱了一下眉头。

父亲看出了他的反常情绪，于是问他不开心的缘由，原来他是在担心自己没有什么做领导的经验，害怕自己不能胜任这份工作。他向父亲请教：“到底怎样做才能成为一名好领导呢？怎样才能领导好手下的员工为自己工作？”

父亲听到了他的问题后，并没有做出正面的回答，而是拿出了一段30厘米长的绳子，把这根绳子放在了桌子上，叫他的儿子用手拿着绳子的一端用力地向前推。结果不管儿子怎么努力地向前推绳子，绳子都没有向前滑动，只是歪歪扭扭地在原来的地方不停地扭动。

父亲这时候问儿子：“你换个方向试试？”

儿子将绳子换了一个方向，用力地向前拉，这时候绳子就直直地向前移动了，整个过程非常顺利。最后，父亲问儿子从中看出了什么，儿子说道："做领导不能一味用力推员工，要在前面拉他们。"

卡耐基情商艺术

作为领导，想要将自己的领导力充分发挥出来，就要"在前面拉"。只有在工作中起到表率作用，带好头，以身作则，才能带领好自己的员工。因此，在工作中做好"领头羊"，才能成为一名优秀的领导。

5. 领导的考核

在18世纪末期的时候，英国政府决定把自己国家的罪犯全部发配到澳洲。

于是一些私人船只开始不停地接运送犯人的工作。英国政府当时规定的酬劳结算方式是按照船上犯人的数量支付船主们报酬。当时那些运送犯人的私人船只比较简陋，很多是自己改装的，设施也不齐全，甚至没有任何的救急药物，也没有一个医生。船主为了多赚钱，尽可能让更多的犯人上船，因此船舱中的条件非常差。

只要这些船只出发，船主就可以从政府那里得到相应的酬劳，但是船上的犯人是否可以健康到达澳洲，就无人过问了。有些船主为了节约成本，会不给他们饭吃，甚至还会切断水电。

过了一段时间后，英国政府发现了一个严重的问题：这些犯人在运送的过程中死亡率非常高，一些生病的犯人还会被扔到海里喂鱼，顺利抵达澳洲的犯人少之又少。英国政府花费了很多资金，却没能达到自己的目的。

于是负责这件工作的英国领导人开始想办法了。他在每一艘运送犯人的船上都派一名政府官员监督领导他们，再派一名医生负责犯人日常的治疗，同时还对船上的条件和生活起居标准有了明确的要求。但是，这并没能改变状况。不但犯人的死亡率没有降低，反而有的船上的监督官员和医生也不明不白地死了。

领导人又采取了一些办法，都没能扭转局面。

一位领导人后来总结说，事情会这样发展是因为私人船只钻了制度的空子，于是改变了制度：以到澳洲的人数结算报酬，不管在英国有多少人上船，到了澳洲清点完人数后再结算酬劳。

于是问题解决了。船主主动请医生，并且在船上准备应急药品，改善了饮食，尽可能地让船舱中的每一个犯人都健康抵达澳洲。

自从这一制度实施以来，船上犯人的死亡率降到了1%以下。有些运载几百人的船只经过几个月的航行也没有人死亡。

卡耐基情商艺术

作为一名领导，建立好对员工的绩效考核制度在任何时候都是至关重要的。考核什么，对谁进行考核，考核到怎样的程度，什么时间进行考核，都要根据实际情况进行慎重的考虑。这样不仅可以让公司有更好的效益，还能对员工起到激励作用。

6. 一块手表的力量

某大型企业前不久新招聘进来几名学识渊博的年轻人，都是各大高校的高才生。他们之中有一位是以某部门经理的职位招进来的，在工作上各个方面的能力都非常强，没进公司多久就与自己手下的员工处理好了关系，深受大家敬佩。

但是他身上有一个非常严重的问题，就是他从来都不愿意早起。因为这个毛病，他经常上班迟到，总是一天中最后几个到公司的，甚至有的时候一迟到就是一两个小时。

在他刚进公司的时候，公司很多新业务才刚刚起步，工作量不是很大，因此管理得比较宽松，对员工很多方面的要求都不是很严格。然而，从今年开始，公司与海外的一家大型公司开始建立生意上的合作，因此，上级对员工提出了非常严格的作息制度，并且每天都会对员工进行绩效考核。这个新上任的部门经理总是因为迟到的问题在早间会议上受到上级领导的批评。

私下里，上级领导也经常对他的迟到问题催促加劝说，却根本没能起到什么作用，迟到了他就会影响到整个会议的进程。

后来上级的领导为了让这位高才生有更好的时间观念，亲自带着他去附近的商场里选了一块喜欢的手表，买下来送给他。

买完手表之后，天翻地覆的变化开始了。提早到公司已经成了他的习惯，每天他都会在公司大门刚刚打开的时候进入公司，还为办公室做卫生。甚至有的时候，在保安人员还没有开门的时候，他就已经早早地等在那里了。时间观念就这样牢固地建立在他的头脑之中。

一块手表的力量远远超过了领导对他的批评教诲。

卡耐基情商艺术

作为一名领导，很多时候并不会去理会一个像文中那样具有人性要求的一位员工的愿望，就像大多数领导人一样，总是更在乎员工们带来的利益，而忽略了员工们人性化的召唤。但是为什么很多时候总会遭遇失败呢？难道原因还不明显吗？或许在更多的时候，领导要发挥的不仅仅是自己的权威，而是爱和领导力的智慧，还有需要创造人性的需要。

7. 最好的人选

威尔逊是假日酒店的创始人。

有一天，威尔逊和自己的员工们共进午餐，用餐的过程之中，其中一个员工拿起了一个橘子直接一口咬了下去。这位员工的举动让大家很不解，原来这位员工的双眼高度近视，误以为自己眼前的橘子是苹果。后来，员工为了缓解尴尬，只好假装不在意的样子，勉强吃下了一个完整的橘子，惹得在场的其他员工哄堂大笑。

第二天，威尔逊又邀请自己的员工一起吃午餐，并且点了与前一天一样的菜肴和水果。不一会儿，水果都到齐了，威尔逊拿起了一个橘子，像前一天那个员工一样，直接一口咬了下去。

在场的众人看了，也都跟着威尔逊一起吃起来。然而，大家发现这次的橘子与昨天的并不相同，是用其他材料做成的橘子形状的仿真甜品，味道非常好。就在大家都吃得津津有味的时候，威尔逊忽然宣布了一个消息："从明天开始，由杰克顶替我的助理的位置！"

这个消息使所有人非常震惊。威尔逊解释道："昨天我们一起吃午饭的时候，大家看到有人在吃橘子皮，都嘲笑他，只有杰克没有，反而给那位误食橘子皮的员工点了一杯果汁。今天，杰克看到我也与昨天那位员工做一样的事情，他也是唯一没有学我的人。像这样既对同事友善，又不盲从领导的人，难道不是一个优秀的助理人选吗？"

卡耐基情商艺术

领导力的关键就表现在一位领导能不能正确地"识人"上。特别是在一些不起眼的小细节上，作为领导，拥有敏锐的洞察力非常重要。领导要善于细致地观察自己身边的每一个人，并且能在人群中发现有哪些人在做什么，而哪些人没有做什么，然后从中选出自己需要的人。

8. 默多克的帮助

1976年，报业大亨默多克收购了美国的《纽约邮报》。

新老板刚刚上任，记者艾伦非常担心会被炒鱿鱼。就在这个关键时刻，正巧赶上艾伦的妻子准备生产，他不知道自己能不能顺利请假去医院照顾妻子。

有一天上午，艾伦接到领导的通知，说新老板默多克要大家去参加会议。

会议开始后，默多克站在发言台上，说起了自己在创业过程中的经历以及对未来的畅想。艾伦表面上听得很认真，但是内心十分焦虑，一心只想得知自己妻子的情况。就在这个时候，会议室突然传来了电话声，于是大家的目光都集中在了桌上的应急电话上。默多克只得无奈地暂停了发言，示意周围人去接电话。

"是医院打来的电话，说是有急事找艾伦！"接电话的人一说完，艾伦就紧张地站了起来，对着台上的默多克说道："实在对不起打扰了大家，我的妻子马上要生产了。"默多克只是微笑着点了点头，示意艾伦赶快去接电话，然后轻声对周围的人们说道："既然是他家里面的私事，我看我们还是不要参与了，先回避一下吧。"说完便自己带头走出了会议室。

余下的上百名同事也都走出了会议室，一直到艾伦挂掉了电话后才回到那里。默多克重新走上了演讲台，对着艾伦说道："谢谢你的这通电话给了我重新思考的机会，让我可以把报纸行业未来的发展趋势想得更清楚。"后来他用简短的话结束了这次会议，并对艾伦说道："我的会议结束了，你可以马上去医院陪伴你的妻子了。"

30 年后，艾伦担任了这家报社的总编辑，这件小事他始终都没有忘记。

卡耐基情商艺术

作为一位优秀的领导者，要善于凝聚人，并且在得到了人才之后，能够将他们的优点与潜能全部激发出来。想要将这些做好，首先就要从自己的心里尊重你的"人才"。一个领导人的成功，不在于自己赢了多少人，而在于自己作为一名领导可以帮助别人做成什么。

9. 说到就要做到

爱尔兰有家著名的威士忌生产公司，该公司的规模非常大，拥有近千名员工，每年销往世界各地的威士忌达千万瓶。公司的总经理莱昂德罗先生是一位非常优雅且乐于分享的管理者，2009 年年初时，他和公司的领导层分析：由于当年欧洲大陆出现的普遍干旱，导致像法国、意大利、西班牙这样的酿酒大国在制酒原料上出现了短缺，因此该年欧洲大陆上的威士忌产量将会照往年又大幅下降，这就给了他们一个占领欧洲市场的机会。他们预计在该年度，公司的盈利将会达到一个史无前例的数字。为此，莱昂德罗宣布，在年末圣诞节时，会给每位员工发一个大大的红包。

但令莱昂德罗没有想到的是，由于制作环节上的失误，一批销往挪威的威士忌被检验出苯含量超标，不但价值千万元的货物被挪威海关收缴销毁，而且公司必须缴纳挪威食品安全部门开出的巨额罚单。面对这样的情况，别说收入创历史新高，就是年终盈余还是亏损都不好说了。

面对如此窘境，在圣诞节来临之前，公司的管理层向莱昂德罗进言，可以将给员工的圣诞奖金扣下不发，或者不要发那么多。但莱昂德罗却不这么认为，他对下属们说，公司出现失误并不是员工的错，不能因为这个就对员工失言，而且对圣诞奖金，很多员工期待了很久，这时如果说不发或者少发，肯定会给员工的心理带来极大的落差，进而迁怒于公司，使管理层在员工中间丧失威信。业务出现亏损还可以明年再弥补，但如果丢失了员工对公司的信任，可是花多少钱都买不回来的。

听了莱昂德罗的这番话，其他人都收回了自己的意见，当年的圣诞奖金按原计划发出。虽然这一大笔圣诞奖金让公司2009年的亏损状况雪上加霜，却买来了企业的凝聚力和向心力。2010年，在莱昂德罗的带领下，员工们努力工作，最终打了一个漂亮的翻身仗。

卡耐基情商艺术

承诺这个词可不是随便就可以拿来说说的，你承诺了就一定要实现，即使发现很难做到，也不能说放弃就放弃，因为放弃一个承诺就意味着放弃下属对你的一份信任。

第九章 09

如何利用高情商实现双赢

第一节 卡耐基告诉你如何实现生意场上的双赢

1. 不要小看竞争对手

谈判是一项充满挑战的工作，在谈判过程中，稍有不慎，就有可能会导致失败。

卡耐基先生曾经说过：“为了保障谈判可以有效进行并取得最终的胜利，在谈判之前一定要对对方有大体的了解。”要求我们在进行谈判之前，无论对手是谁，有怎样的能力，都不能小看和贬低对方，一定要在了解对方的基础之上做好准备，假如因为我们一时的放松而贬低对方，从而造成不必要的损失的话，就会造成无法挽回的结局。

有这样一句名言：“战略上要蔑视敌人，战术上要重视敌人。”

这告诉我们，无论我们面对的竞争对手是强还是弱，都需要我们加以重视，不要轻敌，因为小看对手是竞争中最致命的做法。

在谈判之前，了解对手的情况才能做好充分的应战准备。当我们大体掌握了对方的情况之后，才可以根据对方的大致情况准备合适的战术。要注意的是，千万不要认为对方的能力不如我们，就无准备地上谈判桌，这样很有可能适得其反。

无论竞争对手是强还是弱，我们都应该重视起来，同样，这也是对对方的一种尊重。我们在谈判之前，对竞争对手应该有一个大体上的信仰、文化、能力的一个了解。这样做可以避免因为我们的疏忽而出现的一些冒犯到对方的行为，导致最后的失败。

2. 向对手学习会增大成功的概率

一位著名的体育教练说过：“对运动员来说，竞争对手就是最好的教科书，谁要想战胜竞争对手，谁就得向竞争对手学习。”

卡耐基先生也曾经指出，向自己的竞争对手学习是一种美德。

无论我们在学习中，还是在工作中，抑或是在赛场上，都会遇到竞争对手。很大一部分人觉得竞争对手就是自己的敌人，其实并不然。我们的对手表面意义上是我们的敌人，实际上是我们的良师益友。

事实上，向对手学习的实质就是让对手帮我们一起承担压力。我们学习到了竞争对手的制胜优势，从而使我们的实力一步步追上对手，最后将力量聚集起来，实现了最终的超越。这个时候，我们达到了自己的目的，就会卸下自身的压力，而这种压力又会施加到我们的对手身上，这时候他们就会承担这份压力。

所以说，竞争对手不是我们的敌人，而是我们走向成功的“动力源”，无论我们身处于怎样的环境之下，无论是生意场上还是学习中，都要善于发现这种“动力”，找到那个可以使我们拥有强大力量的“动力”。

山姆·沃尔顿在美国买下了他的第一家沃尔玛商店。

商店还没有运营的时候，他就去总部的公司学习管理营销的知识，他几乎一生都在用这些知识。

在他商店的经营战略中，有一条是这样写的：向竞争对手学习。

他在空闲的时候总是喜欢到周围的商店中，看他们的经营方式、商品的价钱、商品的陈列，当他发现别人哪方面做得比自己好的时候，就把他认为自己该学习的都写在本子上，然后回去之后认真钻研，想方设法让自己做得更好。

山姆·沃尔顿一直以来的座右铭是：“向竞争对手学习，然后走自己的路”，一旦发现竞争对手在某些地方有比较超前的想法，哪怕是一个非常细微的设计，他也会钻研，甚至做得比别人的还要好。早期与他竞争的商店使用了金属货架，沃尔顿发现了金属货架的好处之后，很快沃尔玛成为全美第一家百分之百使用金属货架的杂货店；沃尔玛的另一家竞争对手富兰克特特许经营店实施自助销售时，山姆·沃尔顿先生经常熬夜去学习技术销售理念，回来之后经营了自己的自助售货商店，是全美国第三家自助售货商店。

这个故事告诉我们，通常我们的竞争对手能给我们带来对待事物的全新认识与观念，只要我们认真学习，就能有意想不到的收获。

在我们面对竞争对手的时候，我们要做的并不是用敌对的方式对待他们，而首先要对对手有一个全面的分析，总结出自己与对方的差距，找出对方的优势。其次要让自己在最短时间内缩短与对手的差距，以对手的优势为动力，让自己变得更加强大，这才是竞争的真正意义。

来自竞争对手的动力是强大的，只要我们运用正确，它就会成为我们走向成功的推动力。

3. 寻找善于合作者才能共同成长

卡耐基先生曾经指出，找到善于合作的人，才能实现共赢。

在我们的现实生活之中，每个人的知识都是有限的，总有一些我们没有涉及的层面，而这个时候，弥补缺陷的最简单的方式就是合作。而想要合作成功地进行下去，就要寻找善于合作的人。这样才能实现双方的共同成长。

在我们的生活中，合作无处不在，在工作中更是如此。我们每个人的工作能力是有限的，而在我们自身遇到困难或是凭着我们自己的能力解决不了事情的时候，就需要我们与他人进行协作。只有与他人进行合作，才能在困难面前充满力量，因为合作会产生力量。因此，我们要做一个善于合作的人。

传说，在一个遥远国度的森林中，喂养着一种神奇的鸟，这种鸟有两个头，它叫“共命鸟”。从出生的那一刻开始，这种鸟的两个头就开始“相依为命”。在它们遇到解决不了的问题，或者产生矛盾的时候，这两个头就会聚在一起进行研究和讨论，等两个头意见相同时，才会一起行动。例如，它们会讨论每顿饭的食物去哪里寻找，吃什么，还有在哪里歇脚、筑巢、栖息。

突然有一天，其中一个“头”与另外的一个“头”因为一件事情发生了非常严重的矛盾，于是两个“头”不再合作，开始敌视对方。

但是其中有一个“头”不想将事情变成如今的局面，它希望能与另外一个“头”尽快和好，于是它一直在寻找一个机会，希望它们的关系还能回到像以前一样快乐和睦地相处。而另一个“头”则一点也不当回事，根本没有任何想要回到从前的意思。

后来，他们之间的关系越来越恶劣，开始为了吃什么食物，什么时候吃而产生激烈的争论。

那个想要和好的“头”提出意见，认为应该吃一些对自己身体健康有益处的食物，目的是让自己的身体更加健壮；但是另外那个不领情的“头”却坚持吃一些对身体有危害的食物，目的是将对方杀死，这样才能将内心的怒火消除。

于是它们彻底不能在一起生存与发展了。后来它们开始分开进食，各自按照自己的喜好去挑选适合自己胃口的食物。就这样下去没多久，这只神奇的两头鸟就因为吃了大量的有害食物而被毒死了。

两头鸟因为两个“头”没能合理地将自己的矛盾解决，导致最后不能继续进行合作，最终两败俱伤，因此付出了惨重的代价。

同样地，在我们的工作中，我们的工作团队就是一个大团体，是一个大家庭，在遇到困难的时候，应该互相帮助，将工作完成。善于合作是完成工作的一个非常重要的前提。在工作中遇到难关，或者是发生了一些凭一己之力解决不了的事情，危难关头，大家应该将自己的难处和想法主动说出来，更好地进行合作，而不是去“树敌”，不能因为一点意见的分歧就不停地争执。大家的目标是相同的，一旦因为个人原因产生了冲突，就会使整个合作瞬间瓦解，不但不能相互学习，共同成长，反而造成了失败的结局。

叔本华说过：“单个的人是软弱无力的，就像漂流的鲁滨孙一样，只有同善于合作的人在一起，才能完成许多事业。”

这句话要表达的，就是寻求善于合作者的重要性。一根筷子很容易折断，而一大把筷子折起来就会非常费力，这就是合作与不合作的区别。

在现实工作中，我们就像筷子一样，单靠我们个人的力量去做一件困难的事情是非常吃力的，但是如果你与一群有着与你相同目标的人和睦相处，互相帮助，共同合作，就会共同成长起来，成就卓越的事业。而假如与一个不善于合作的人在一起共事，不但会产生一系列意见上的分歧，还会导致一些不可预期的后果。

因此，为了大家的共同利益，一定要寻找有助于自己成功的善于合作者，这样才能共同成长。

4. 适时的忍耐是薄发的前提

谈判不仅是谈判双方实力的较量，同样是智慧和耐性的竞赛。

卡耐基先生曾说过："耐性是取得谈判成功的重要条件之一。"任何一个谈判的成功都离不开忍耐，同样地，忍耐也是我们薄发的前提。

世界上有很多谈判专家，他们的秘诀就是：忍耐和耐心。无论谈判的过程有多么漫长，他们都会耐心地将对方提出的所有问题回答完。

因此，无论在谈判中，还是与人沟通的时候，忍耐是非常重要的，忍耐可以作为谈判中的一种谋略与战术。但是这并不是说要我们去强行忍耐什么，而是说在谈判中，要主动积极地接受外界因素对于我们的考验，如对方给我们的诱惑、逆境对于我们的冲击等。

忍耐在谈判中的意义就是使我们冷静，理智地思考，不盲目回答对方向我们提出的问题，以免犯下一些使我们追悔莫及的错误。

一次，美国的一家机械公司与英国的一个厂商进行谈判。

英国厂商为了使美国公司可以更好地对自己公司的产品有进一步的了解，更好地达成合作关系，在这次谈判之前做了非常充分的准备工作。

在谈判刚开始进行的时候，英国厂商派出的谈判代表就一直对自己生产出来的产品做非常细致的讲解，整个过程持续了很长的时间。在这个过程中，美国的机械公司始终认真地听着，没有说一句话。

英国谈判代表介绍完产品之后，问道："你们对我们的产品有什么看法呢？”

这时候，美国代表非常友善地说道：“我们并没有明白。”

“为什么会不明白呢？我们已经说得非常细致了呀！”很显然，英国的厂商代表已经表现得非常着急了。

“不明白，我们一点都没理解。”美国代表笑着说。英国代表说道：“那您希望我们怎么做呢？我们现在要做什么呢？”

于是美国代表提出：“你们再为我们重新讲解一遍吧。”英国代表只得重新讲了一遍。

这样反反复复了很多遍，最后，英国厂商终于把谈判的价格降到了最低。这是为什么呢？因为美国代表掌握了英国代表的弱点，就是他们始终都非常着急地想要达成合作，于是美国代表一直以自己没能理解为借口，故意拖延时间，使对方不得不将自己产品的价格降到最低。

在通常情况下，面对这样一种局面，往往最先“认输”的那方会“吃亏”。然而在美国公司与英国厂商的谈判中，美国始终占有整个谈判的主动权，仅仅用了“没明白”三个字就打败了英国厂商，使一点忍耐力都没有、急于求成的英国厂商最后同意了对方的要求。

很多谈判都需要谈判双方花费很长的一段时间，才能最后达成协议。假如像英国厂商一样，刚开始的时候就失去了耐性，会使对方轻而易举地取得成功。

同样，我们在与人谈判的时候，需要忍耐。即便忍耐有的时候是漫长而难熬的，但是只要我们坚持，必定会得到应有的回报。成功的谈判不是靠力量，而是靠忍耐来完成的。即使对方的问题再刁钻，谈判的过程再漫长，只要坚持到最后，就是赢家。

“小不忍则乱大谋。”我们要学会忍耐，不要因为一时的莽撞使自己的努力功亏一篑。忍耐是成功的基石，也是促成谈判的重要因素。只有善于忍耐，才能厚积薄发，取得成功。

5. 巧破僵局，让谈判进行下去

在我们日常与人沟通的过程中，有时会因为一句不恰当的话或是双方意见不统一而陷入僵持的局面。除此之外，双方的沟通障碍、有意无意的强迫、立场的不同都是形成僵局的潜在因素。僵局是每个人都不愿意看到的，那么面对僵局，应该如何去做呢？

卡耐基先生告诉我们：在休息的时间里给彼此制造一个精神放松的机会，和对方聊一些轻松的话题，这样不仅可以增进双方的感情，还能缓和之前的矛盾和情绪，打破僵持的局面。

在我们与人谈判的过程之中，利用休息的时间是一个很有效的方式。假如在谈判过程中，双方的情绪有失控的现象或者陷入僵持的局面，可以用休息的方式先将谈判暂时中止。

2008 年，戴维与顾客就一个关于房地产租售的项目谈判，在谈判的整个过程中，与戴维谈判的一方都比较抵触，使得谈判陷入了僵局。戴维见状，先将自己的项目做了一次详尽的介绍，之后他说道："我们现在先放松休息一会儿吧，我们说了这么长时间，您应该很累了。"

在他们休息的过程中，戴维和顾客一边走一边交谈。他们聊了很多话题，但是没有提到一句有关谈判的内容。

就这样，半个小时过去了，他们再次回到了谈判的地点。这次那名顾客的心态明显有所好转，抵触的情况不存在了，一切都进行得非常顺利。最终，戴维圆满完成了这次谈判。

在谈判中出现这样的僵局，很容易使双方陷入一筹莫展的境地。僵局的出现不仅会对双方的谈判效率产生影响，时间久了，还会挫伤谈判者的积极性，使得谈判无法顺利地进行下去。很大一部分人一旦面对尴尬和僵持的局面，就会丧失自己的信心开始自责，甚至会出现挫败感。而像戴维与顾客那样，在场面僵持的时候，利用短暂的“休战”方式，使自己与对方都冷静下来，可以缓解双方激动、紧张的负面情绪。

第二节　实现双赢谈判的成功与失败案例

1. 贬值的皮草

一家知名的外贸公司与一个很重要的日本客户商谈一笔前景不错的皮草生意。外贸公司开出的条件非常优惠。但是在他们所开出的条件中，有一些小细节需要调整，日本客户于是就一直抓住这些小细节不放，还用这些作为借口，始终不愿意与这家外贸公司签订合作协议。

外贸公司见状，开始苦口婆心地劝说这位日本客户，想要把这位客户留下来，并且形成长期的合作关系。但是无论采取什么方法，日本客户都无动于衷，最后万般无奈之下，他们只好放弃了与这位日本客户的合作机会。

事实上，日本客户不愿意签订合作协议是有自己的原因的，早在谈判还没有开始的时候，日本客户就对皮草的市场做了全面的调研与了解。根据他们多年的经验，认为皮草生意会在不久的将来呈现一种非常饱和的状态，这样原本有很多赚头的昂贵皮草就会变得不再值钱，价格会在一段时间内猛烈下降，此时就可以将低价的皮草大量地收购进来。

就像日本客户预料到的那样，半年多之后，原本处于鼎盛时期的皮草生意一落千丈，大量的皮草堆积在皮草商的手中，价格一路下滑。就在这个危机时期，日本客户主动联系外贸公司，提出要重新商议合作的事情。

贸易公司虽然有些不甘心，但是这个时候皮草的价格已经很低了，假如他们还不将手里堆积的皮草出售出去的话只会越积越多。最后外贸公司答应了与这位日本客户合作。

卡耐基情商艺术

在与人进行谈判之前，一定要先全面了解一下自己项目的市场行情，认真做调查并且对调查结果做更深入的研究。只有这样，才能在谈判中占据主导地位，随时观察局势的变化。不要盲目跟风和随波逐流，坚持己见才能取得成功。

2. 会回来的

中国的一家冶金公司想要从美国的一家知名公司处购买一套技术设施比较先进的组合炉。为了这个事情，中国公司派出了一名代表远赴美国，与美国的公司进行生意合作上的谈判。

在这名代表去美国之前，他翻阅了大量关于组合炉的资料，并且花费了很多时间去调研组合炉在市场上的行情，还了解了这家美国公司的历史、口碑、经营状况、管理层等。他根据自己了解到的结果制订了一个初步的谈判计划。

在谈判刚开始的时候，美国公司出口就是 100 万美元的要价，并且表示不接受价格上的商议。中国冶金公司的代表一直保持着沉默，没有做出任何表示。于是美国公司又向中国代表挨个介绍自己公司的设备在世界上各个国家的成交价格。听完之后，中方的代表可以很精准地将它们的成交历史全部讲出来，这使美国公司的人感到非常惊奇，最后他们决定以 80 万美元的价格与中国公司签订初步的协议。

在后来的谈判中，他们还谈到了关于冶炼自动设备的合作问题，美国提出的报价是 130 万美元，但是中方给出的报价是 100 万美元。

美国公司听了中方代表的报价后丧失了耐心，把合同重重地摔到了中方代表面前的桌子上，非常气愤地说道：“这次的价格我们已经压到最低了，我们已经给了你们最大的优惠，但是你们还是不能同意，你们并没有表示出任何的诚意，这单生意我们不做了。”

美国公司的举动是中方代表早就预想到的，他们不但没有被震慑，反而感到窃喜。中方代表说道：“放心，他们还会回来的。一样的一套设备，去年法国只出了 90 多万美元就买下了。即使拿到国际市场中，100 万美元也已经是非常合算的价格了。”

事实果然如此，半个月之后，美国公司要求重新进行谈判。最后双方把价格定为 100 万美元。

“知彼知己，百战不殆。”中国代表能成功的原因非常简单，他们在事前对美国公司做了非常详尽的了解，并且用有力的数据给对方施加了压力。

卡耐基情商艺术

作为一名合格的谈判者，在谈判之前要先把对方的资料进行一个收集与整理。因为任何一个信息对我们的影响都是至关重要的。现实中，如果我们在事情来临之前做好充分的准备，就可以轻而易举地应付所有可能的突发情况。有经验、信息作为支柱，你就不会神经紧绷，不会让自己过分激动，而在谈判的过程中失去控制自己情绪的能力，并且可以维护自己的利益。

3. 失误的让步

美国有一家生产耗材产品的大公司，他们公司的服务态度好、产品型号众多、质量优，是同行业中信誉比较领先的。前不久他们决定进军亚洲市场，但是这个时候，领导发现，大部分同类市场已经被一直与自己保持竞争状态的其他家耗材产品公司占领了。无论这家公司怎样努力，最终还是失败了，并没能打进亚洲市场。

过了一段时间，他们得知亚洲的某家知名公司要购买一大批耗材产品，这对他们来说不仅是一个喜讯，更是一个非常难得的好机会。于是他们立刻派出了代表与亚洲知名公司进行谈判，想尽可能地从他们身上找到打进亚洲市场的突破口。

谈判历尽艰辛，还是没有任何进展。为了阻止另外几家与自己竞争的耗材公司不把市场垄断，这家公司在价格上做了相当大的优惠。

他们的超低价果然吸引了亚洲公司的眼球，于是终于与亚洲公司签下了合作协议。

不过，之后发生的事情就不是那么顺遂了。这家公司开始由主动的状态变为了被动状态。超低的价格的确让亚洲公司对他们非常感兴趣，但是他们却很难再将自己的价格升高，几次提价都没能成功。于是超低的价格让公司自身资金方面入不敷出，形势对他们也越来越不利。

这家公司有这样的结果就是因为他们在谈判中做出了过大的让步，导致了不利的结局。

卡耐基情商艺术

谈判中总会让步，但是让步也是要有限度的，并不能为了取得成功就盲目压低价格。这样做是饮鸩止渴。在生意场上，最重要的就是取得利益回报。利益永远是谈判的前提，我们为了利益可以做出让步，但是这样做是为了赚取更多的利益，而不能自断后路。利益一致是谈判的目的。如果为了取得谈判的成功放弃了自己的利益，那么不仅会失败，还会因此付出很大的代价。

4. 一席长谈的重要性

纽伦是一家知名公司的总经理，但是最近他一直都因为一个策划案而愁眉不展，无论他怎么努力，始终都交不出策划案。他在公司早会的时候总是表现出一副苦恼的样子，在日常的工作中也非常沉默。这样的不良状态终于有一天引起了公司董事长的注意。

有一天，纽伦到董事长的办公室说一些工作上的问题，董事长借这次机会准备和他好好聊一聊。

董事长关心地问纽伦："你平时喜欢什么样的咖啡？"

这句话使纽伦感到很吃惊，一向对员工板着脸的董事长竟然也有请员工喝咖啡的闲情逸致。但他还是说："我喜欢放糖的。"

于是，董事长亲自为纽伦泡了一杯加了糖的浓咖啡，放在他们面前的桌子上，然后坐下来说道："纽伦，你是来咱们公司年头最长的了，我们一起共事几十年，我一直把你当作我最信任的朋友。”

“是的，我也是这样。”纽伦立刻说道。

“我一向很看好你，你是一个对自己工作非常负责的人，我们公司有如今的成就，离不开你的帮助。但是我认为这段时间你状态不太好，是遇到什么困难了吗？”

听到董事长这样说，纽伦显得有些不知所措。一时不知道应该如何回答董事长。

董事长见状，关切地说道：“你最近是不是遇到不顺心的事情，有困难解决不了的话就说出来，大家一起解决。”

这个时候，纽伦终于决定说出来了，他对董事长说，最近因为策划案的关系，他变得很焦虑。

董事长了解了之后并没有责怪纽伦，两个人聊了起来。

董事长给纽伦提供了一些意见，纽伦豁然开朗。

两个人又聊了工作中的其他一些事情，不经意间很长时间过去了。这场长谈结束后，纽伦的心态明显好了很多，这使他的工作又重新步入了正轨。

卡耐基情商艺术

有的时候，一席长谈往往比一场简短的谈判有用得多。长谈可以使双方都敞开心扉，更有助于谈判双方在情感上的沟通与交流。这样也加大了后续谈判成功的可能性。

5. 换一个话题

一次，日本一家知名公司的社长带领工作团前往美国，想与美国一家大公司商议引进一套先进设备生产线的问题。于是，双方进行了一场谈判。在谈判的过程中，日方代表与美方代表在引进生产线的问题上产生了矛盾，日方认为应该部分引进，而美方则认为应当全部引进，双方陷入了僵局。

日方代表意识到，谈判就这样进行下去的话，很有可能会失败。

日方代表非常焦急，不想错过这次合作的机会，但是他们并没有想到更好的方法来打破这样的僵局。就在这个时候，日方的社长小次郎打破了尴尬的局面。他笑了笑，说道："我们业内的公司都知道，贵公司的技术、设备、产品、服务都在世界上稳居前三。假如贵公司能帮助我们公司在日本进入前列，那么全日本的人民都会感激你们的。现在很多国家的代表团都在和我国就引进生产线的问题进行谈判。如果这次与贵公司的谈判因为眼前的一点小问题就以失败告终，可能会给你们公司在其他项目上与日本的合作带来一定的不好影响。我希望贵公司可以为你们未来的发展前景做一个谨慎的考虑。"

小次郎的话说完了之后，美方代表陷入了沉思。这时候小次郎又说道："这段时间我们公司遇到了一些资金方面的困难，希望贵公司可以理解一下，我们希望这次可以部分引进生产线，这一点恳请阁下给予原谅。我们很希望与贵公司进行合作。"

小次郎运用了转移话题的方式，将自己的真心话讲了出来，并且让对方听了进去。

最后，美方代表不再计较引进生产线的问题，愉快地与小次郎签订了协议。

卡耐基情商艺术

大部分时候，如果谈判双方因为观点或者意见上存在不一致，很有可能使谈判陷入僵持的局面。在这个时候，应该先将之前的矛盾放在一边，把话题转换到其他的方面。这样不仅可以分散对方的注意力，还可以让对方冷静下来，以此让谈判有缓和和商议的余地。等到双方都冷静下来，时机成熟了之后，再继续进行之前的谈判，最后达到自己的目的。

6. 激将法的作用

某地的一家轮胎厂在很多年之前从美国购入了一套现代化的轮胎生产设

备，但是，由于原材料比较紧缺，这套设备买入之后就一直在厂里闲置，没能派上用场。后来，该轮胎厂的负责人决定把工厂里搁置的这套设备转卖给另外一家有需要的大型轮胎厂。

在两个厂子正式进行谈判之前，这家有设备的轮胎厂大致了解到了一些情况：第一，对方这家大型轮胎厂的经济基础比较雄厚，但是他们的资金大部分用于再生产，想让他们立即拿出几千万元来购买这套设备是有很大难度的；第二，大型轮胎厂的厂长比较年轻气盛，气焰非常高。

了解了以上这两种情况之后，他们邀请了大型轮胎厂进行谈判。

两个厂子的厂长见面之后，要卖设备的厂长说道："我最近几天经常去贵厂参观，已经对贵厂的情况有了一个大致的了解。我认为，贵厂的管理水平相当优秀，是非常值得学习的。"

大型轮胎厂的厂长推辞道："您过奖了，我比较年轻，没有您那么有经验，还请您以后多多关照。那么，您对我们的设备有什么建议呢？贵厂不是想把闲置的设备转卖给我们吗？"

卖设备的厂长回答道："我们当然非常希望转卖给你们，但是我去完贵厂参观之后，改变了主意。"

"为什么呢？"大型轮胎厂的厂长疑惑地问道。

"我去贵厂参观完后，存在两个疑问。第一，我真的很质疑贵厂是否有足够的资金来购买这套新型设备；第二，我还很怀疑贵厂是否有足够的实力招聘到可以使用和管理这套先进设备的人才。我很担心，所以我现在改变了主意。"

听到这话，大型轮胎厂的厂长觉得对方小看了自己，感到非常愤怒。于是他开始炫耀自己轮胎厂的经济实力和人才，并肯定自己有充足的经济条件来购买这套设备。

最后，经过周旋，卖设备的厂长成功地将这套闲置了很长时间的先进设备以很好的价格转卖给了大型轮胎厂，达成了目的。

卡耐基情商艺术

这是一种激将法。在谈判的过程中，通过一些刺激性的语言激怒对方，借此来使对方情绪受到影响，并利用这种影响让事情朝着自己预期的那个方向发展。要想成功地在谈判的过程中使用激将法，重点在于要把握好“度”。有的激将点到为止就好，而有的要稍微进行一下“升温”，有的还需要“穷追猛打”。当然，具体使用哪一种方式要看现实中谈判的进展，视情况而定。

7.“绝处逢生”的木雕厂

有一家木雕厂最近面临着危机，资金如果再运转不起来，就要倒闭了。

这天，三家雕刻采购类的大公司突然光临这家面临危机的木雕厂，并且要订购一大批货。其中有一家经济实力非常雄厚的公司有意愿将这家木雕厂的全部工艺品买下来。木雕厂的老板非常的高兴。

但是，高兴之余，木雕厂的老板开始有些疑惑，自己厂里的木质雕刻品前些日子一直没人关注，怎么突然一下子这么抢手了呢?

于是，出于谨慎，这家木雕厂的老板回绝了三家雕刻采购公司立即采购的要求，让他们过些天再来。

送走了三位大老板，木雕厂的老板开始亲自查阅了一些资料，做了调研。

经过一番研究，终于知道了答案，原来自己厂子里的木质雕刻品比其他公司的雕刻品质量更优，是吸引那些大公司来厂里进行采购的重要原因。

了解到了这一点之后，厂长决定待价而沽，开始进行谈判。他并没有理睬之前来过自己厂子的大公司，而是从一些比较小的公司入手。有两家小型公司“购货心切”，于是厂长一直将价格抬高。这时候，大公司的老板忧心忡忡，生怕错失了机会。出于垄断货源的考虑，开始高价采购大批量的木雕。

最后，这家本来要面临倒闭的木雕厂因此“绝处逢生”，赚了一大笔钱，扭转了之前的危机。经过后期的不断努力与完善，这家木雕厂已经在当地有了很高的知名度，并且发展成为产值过千万元的大厂。公司出品的木雕已经开始走向海外了。

卡耐基情商艺术

在谈判开始的时候，对对手提出的一些比较重要的问题可以先不做完整的回答，保留一部分，并且给对手一些神秘的感觉，一步步地吸引对手。这样的方法叫保留开局式策略。

8. 一次迟到的谈判

日本的一家汽车公司在刚刚步入美国市场的时候，对美国市场一点也不了解，他们不得不找一个美国代理商为他们销售自己的产品，这样才能弥补不足。

于是日本的汽车公司与美国的一家公司进行了谈判，谈判的内容就是代理商的问题，但是没想到的是因为路上堵车没能准时到达。

美国公司的代表对于日方的迟到，看似非常愤怒，事实上是非常高兴的。因为这下他们就可以压住日方的士气，得到有利于自己的结果。

谈判刚开始进行的时候，美国公司就日方迟到的问题喋喋不休，死死抓住这点不放，就此给了他们一个下马威。同时美国公司也借机给自己公司多争取一些有利的条件。

日本公司早就料到了美国公司会这样做，但是并不知道应该如何去应对。就在最关键的时刻，日方代表上野社长站了出来，说道："对不起，因为我方代表的迟到耽误了珍贵的谈判时间，我感到非常抱歉，也希望贵方可以理解我们的难处。我们初来乍到，对美国的交通和路况都不是很了解，因此才产生了这样的结果。我认为我们并不应该让这个与谈判内容无关的问题继续耽误时间了。假如贵公司因为我方迟到就断定我方诚意不足的话，那么，我们就没有任何谈判的必要了吧。我们即使失去了这次机会，也一定会在美国找到更优秀的合作伙伴。"

日方代表说完了这些话之后，美方代表一时不知道如何去接。但是他们并不是真的想因为这件小事就错失了这次谈判合作的机会。于是在后来的谈判中，就没有再说到迟到的事情，也并没有增加谈判的条件。最后两个公司达成了一致，签订了协议。

卡耐基情商艺术

在谈判前，我们一定要注意谈判的时间，避免迟到。假如在路上遇到了突发情况或者临时有一些意外导致晚到，不仅可能失去对方对我们的信任，还容易使对方死死地抓住我们这一点不放。因此，在谈判的路上一旦遇到意外的状况，一定要立即告知对方自己行程的变化，将原因解释清楚，恳求对方的谅解。并且要尽全力化解因为这个原因与对方产生的摩擦和矛盾，而不是去抱怨。

9. 一个橙子的双赢

一天，乔治从超市买回来了几个个头很大的橙子给自己的两个女儿吃。

姐姐和妹妹最喜欢的水果就是橙子。姐姐喜欢将橙子榨成果汁喝，而妹妹喜欢吃用橙子皮烘焙出来的蛋糕，想把橙皮蛋糕当作下午茶的甜点。两个孩子就此吵了起来，姐姐执意要把橙子都做成橙汁，妹妹执意要把橙子做成蛋糕，两个人都不甘示弱，于是只好把橙子从中间切开，平均分配，做她们想要做的事情。

拿到了一半的橙子之后，姐姐把橙子皮剥开了，只将果肉放到了榨汁机里；而妹妹却把果肉扔到了一边，只拿了橙子皮去烘焙自己的小点心。

看到这样的场景，乔治问道："你们为什么一个把橙子肉丢掉，一个把橙子皮丢掉呢？为什么不把两个人的果肉都拿过来榨成果汁，把两个人的橙子皮都拿去做小点心呢？这样不是两全其美吗？"

这时候，两个孩子才意识到原来她们是可以这样去做的。

卡耐基情商艺术

任何时候，双赢都是最好的结果。在谈判中也是如此，双赢是谈判的最高境界。一个大橙子，两个孩子都有着自己钟爱的吃法，她们完全可以各自将需要的那一部分拿走，这样做才是最佳的方式。在我们谈判的过程中，每个人都希望自己可以得到最大的利益，但是我们完全可以找到一个两全其美的方式实现双方利益的最大化，这才是最好的结果。